常见病
对症食疗速查手册

柴瑞震 主编

图书在版编目（CIP）数据

常见病对症食疗速查手册 / 柴瑞震主编. -- 哈尔滨
: 黑龙江科学技术出版社，2013.8（2024.2重印）
ISBN 978-7-5388-7646-8

Ⅰ.①常… Ⅱ.①柴… Ⅲ.①常见病－食物疗法－食谱－手册 Ⅳ.①R247.1-62②TS972.161-62

中国版本图书馆CIP数据核字（2013）第187766号

常见病对症食疗速查手册
CHANGJIANBING DUIZHENG SHILIAO SUCHA SHOUCE

主　　编	柴瑞震
责任编辑	刘　野　孙　鹏
出　　版	黑龙江科学技术出版社
	地址：哈尔滨市南岗区公安街70-2号　邮编：150007
	电话：（0451）53642106　传真：（0451）53642143
	网址：www.lkcbs.cn
发　　行	全国新华书店
印　　刷	三河市天润建兴印务有限公司
开　　本	723 mm×1020 mm　1/16
印　　张	10
字　　数	100千字
版　　次	2013年11月第1版
印　　次	2013年11月第1次印刷　2024年2月第2次印刷
书　　号	ISBN 978-7-5388-7646-8
定　　价	59.00元

【版权所有，请勿翻印、转载】

序

食疗养生法简称"食养",即利用食物来改善机体各方面的功能,使其获得健康或防治疾病的一种养生方法,所谓"药疗不如食疗"、"治病不如防病",我们日常生活中的诸多食物有防病治病的作用,因此食疗在疾病的康复和治疗中发挥着重要的作用,而食疗养生也需要讲究一定的原则,针对不同的人群、不同的年龄、不同的体质、不同的疾病以及疾病的不同阶段,食疗也有所不同,只有针对性辨证施膳,才能够达到食疗治病强身的目的。利用食物性味方面的特性,能够有针对性地用于某些病症的治疗或辅助治疗,调整人体阴阳,使之趋于平衡,有助于疾病的治疗和身心的康复。

《黄帝内经》被后世称誉为"医学之宗",也是后世常用的养生宝典,其中的养生之道都蕴藏着深刻的大智慧,对食物养生防病方面也有其独特的见解,主张治病当以饮食为先,针砭次之,后下汤药。《黄帝内经》中有言:"五谷为养,五果为助,五畜为益,五菜为充。"这也说明了食物养生的重要性。《本草纲目》是医药学家李时珍在继承和总结以前本草学成就的基础上,结合作者自身长期学习、采访所积累的大量中药学知识,经过实践和钻研,历时数十年而编成的一部巨著,为后代人们保健养生、防病治病方面做出了突出的贡献。本书参考了《本草纲目》、《黄帝内经》、《医学衷中参西录》等大量的医学典籍资料,针对日常生活中较常见的100多种病症,编写了本书,希望对广大的读者有所裨益。

中医治疗疾病强调整体观念和辨证论治,由于每个疾病有不同的证型,如感冒有风热感冒和风寒感冒之分;高血压有肝火旺盛、痰湿阻窍、气滞血瘀等多种证型之分,因此治疗不可一概论之,在不能自我诊断的情况下,建议患者寻求医生治疗。妊娠妇女在参考本书进行药膳调理时,用药要慎之又慎,不可盲目进补。

本书所推荐的药材和食材可供患者自我监测健康状况和辅助治疗疾病参考用之,不能代替药物治疗,病情急重者,应尽快寻医,切不可私自用药。特此声明!

柴瑞震

目录 | CONTENTS

第一章 | 心脑血管疾病对症食疗速查

高血压 010
冠心病 012
贫血 014
偏头痛 016
心肌炎 018
血管硬化 020
中风后遗症 022

第二章 | 呼吸系统疾病对症食疗速查

感冒 024
中暑 026
肺炎 028
慢性支气管炎 030
肺气肿 032
肺结核 034
哮喘 036

第三章 | 消化系统疾病对症食疗速查

慢性胃炎 038
胃及十二指肠溃疡 040
胃下垂 042
胃癌 044
脂肪肝 046
肝硬化腹水 048
腹泻 050
便秘 052

痔疮 054

第四章 | 泌尿生殖系统疾病对症食疗速查

肾炎 056
前列腺炎 058
尿路感染 060
早泄 062
阳痿 064
遗精 066
肾结石 068

第五章 | 妇科疾病对症食疗速查

月经不调 070
痛经 072
带下过多 074
急性乳腺炎 076
乳腺增生 078
阴道炎 080
宫颈炎 082
胎动不安 084
产后缺乳 086
产后恶露不绝 088
更年期综合征 090
卵巢早衰 092

第六章 儿科疾病对症食疗速查

- 小儿流涎 094
- 小儿发热 095
- 小儿腹泻 096
- 小儿厌食 098
- 小儿夜啼 099
- 小儿惊风 100
- 小儿遗尿 102
- 小儿黄疸 104
- 小儿汗证 105
- 小儿痱子 106
- 小儿夏季热 107
- 小儿疳积 108
- 小儿腮腺炎 109
- 小儿发育迟缓 110
- 小儿单纯性肥胖 111
- 小儿鹅口疮 112
- 小儿百日咳 114

第七章 神经与精神系统疾病对症食疗速查

- 失眠 116
- 神经衰弱 118
- 头痛 119
- 阿尔茨海默病 120
- 抑郁症 122

第八章 内分泌代谢性疾病对症食疗速查

- 糖尿病 124
- 高血脂 126
- 痛风 128
- 甲状腺肿大 130

第九章 骨科疾病对症食疗速查

- 风湿性关节炎 132
- 肩周炎 134
- 强直性脊柱炎 135
- 颈椎病 136
- 骨质疏松 137
- 骨质增生 138

第十章 五官科疾病对症食疗速查

- 鼻炎 140
- 口腔溃疡 141
- 慢性咽炎 142
- 耳鸣耳聋 144
- 结膜炎 146

第十一章 皮肤科疾病对症食疗速查

- 痤疮 148
- 湿疹 150
- 荨麻疹 152
- 黄褐斑 154
- 皮肤皲裂 155
- 牛皮癣 156
- 带状疱疹 157
- 脱发 158
- 少白头 159
- 冻疮 160

第1章
心脑血管疾病对症食疗速查

● 心脑血管疾病是心脏血管病和脑血管病的总称，也被称为"富贵病"。心脑血管疾病是一种严重威胁人类（特别是50岁以上中老年人）健康的常见病，具有"发病率高、致残率高、死亡率高、复发率高，并发症多"即"四高一多"的特点，已成为人类死亡病因最高的头号杀手，也是人们健康的"无声凶煞"！所以绝不可轻视。

本章为您详细介绍了常见的心脑血管疾病（高血压、低血压、冠心病、贫血、心律失常、心肌炎、慢性肺源性心脏病、血管硬化、中风后遗症）以及每个疾病的症状、病因、食疗原则、对症药材和食材，为您及您的家人健康排忧解难。

高血压

[病症陈述] 高血压是最常见的慢性病，也是心脑血管病最主要的危险因素，轻度高血压无明显自觉症状。脑卒中、心肌梗死、心力衰竭及慢性肾脏病是其主要并发症。

[病症分析] 高血压患病率随年龄增长而升高；女性在更年期前患病率略低于男性，但在更年期后迅速升高，甚至高于男性；高纬度寒冷地区患病率高于低纬度温暖地区，高海拔地区高于低海拔地区；与饮食习惯有关，盐和饱和脂肪摄入越高，平均血压水平和患病率也越高。

[饮食原则] 高血压患者应多食一些含钾、钙丰富的食物；多吃绿色蔬菜和新鲜水果以及谷薯类食物。尽量少喝冷饮；忌食油腻、辛辣食物；忌烟酒、浓茶等。

【对症食材推荐】

❶ **绿豆** | 降压降脂、保肝、清热解毒、利水消肿的功效。

❷ **大蒜** | 大蒜能杀菌，促进食欲，调节血脂、血压、血糖，可预防心脏病。

❸ **芹菜** | 清热除烦、平肝降压的作用，对高血压有食疗作用。

❹ **荠菜** | 荠菜所含的胆碱、乙酰胆碱、荠菜酸钾等成分有降低血压的作用。

❺ **洋葱** | 具有散寒发汗、降血脂、降血压、降血糖、抗癌之功效。

❻ **苦瓜** | 具有清暑除烦、清热消暑、解毒明目、降血糖、降血压的功效。

❼ **冬瓜** | 具有清热解毒、利水消肿、降糖降压的功效，对高血压有一定的治疗作用。

❽ **茄子** | 茄子含有黄酮类化合物，能降低血液中胆固醇含量，可调节血压、保护心脏。

❾ **马齿苋** | 具有清热解毒、消肿止痛的功效，对高血压患者有较好的降压作用。

❿ **韭菜** | 韭菜中的含硫化合物具有降血脂及扩张血脉的作用，适用于治疗高血压。

⓫ **莲藕** | 莲藕可清热润肺、降压降脂，对高血压患者有较好的食疗作用。

⓬ **胡萝卜** | 具有健脾和胃、补肝明目、降压止咳等功效，对于高血压有食疗作用。

⓭ **玉米** | 含有丰富的钙、硒和卵磷脂、维生素E等成分，可预防高血压。

⑭ 马蹄	马蹄中含有不耐热的抗菌成分——荸荠英，对降低血压有一定效果。
⑮ 木耳	含有丰富的钾，是优质的高钾食物，可有效降低血压。
⑯ 海带	海带中钙的含量极为丰富，可降低人体对胆固醇的吸收，并且降低血压。
⑰ 香蕉	香蕉中富含的钾能降低机体对钠盐的吸收，故其有降血压的作用。
⑱ 猕猴桃	猕猴桃属于高钾水果，能有效降低血压，非常适合高血压患者食用。
⑲ 兔肉	兔肉可以阻止血栓的形成，并且对血管壁有明显的保护作用。

【对症食疗搭配速查】

❶【马齿苋+蒜蓉+荠菜】炒食，可消炎杀菌、降血压。对高血压患者有益。

❷【香蕉+梨】榨汁饮用，含钾量高，非常适合高血压患者食用。

❸【苦瓜+芹菜+莲藕】榨汁，降血糖、降血压。对高血压病人有一定食疗效果。

❹【马蹄+猕猴桃】榨汁，可降低血压，非常适合高血压患者食用。

【对症药材推荐】

❶ 菊花	具有疏风、清热、明目、解毒的功效，对高血压有疗效。
❷ 山楂	山楂所含的三萜类及黄酮类等成分，具有显著的扩张血管及降压作用。
❸ 玉米须 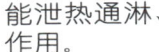	能泄热通淋、平肝利胆，对高血压亦有一定的降压作用。
❹ 决明子	具有清热明目，润肠通便的功效，对高血压有较好的疗效。
❺ 天麻	天麻能治疗高血压症，还可增加外周及冠状动脉血流量，对心脏有保护作用。
❻ 绞股蓝	绞股蓝具有益气养血、养心安神等作用，可作为高血压患者的辅助药物。

【对症方剂配伍速查】

❶【菊花+山楂】水煎服，可清热明目、降压降脂，适宜高血压患者服用。

❷【玉米须+决明子】水煎服，可泄热通淋、利水渗湿。

❸【天麻+绞股蓝】水煎服，能扩张外周血管、降低血压。

冠心病

[病症陈述] 冠状动脉粥样硬化性心脏病简称冠心病，是由于冠状动脉粥样硬化病变致使心肌缺血、缺氧的心脏病，分为隐匿型冠心病、心绞痛型冠心病、心肌梗死型冠心病及猝死型冠心病。

[病症分析] 此病是多种疾病因素长期综合作用的结果，不良的生活方式在其中起了非常大的作用，当人精神紧张或激动发怒时容易诱发冠心病；血脂异常（低密度脂蛋白胆固醇LDL-C过高，高密度脂蛋白胆固醇HDL-C过低）者、高血压、糖尿病、肥胖等患者也是冠心病的高发人群；吸烟更是引发冠心病的重要因素。此病好发于45岁以上的男性，55岁以上或者绝经后的女性，并有一定的遗传性。

[饮食原则] 冠心病患者宜选择具有扩张冠脉血管、促进血液运行，预防血栓作用的中药材和食材，如丹参、田七、川芎、香附、桃仁、红花、当归、玉竹、山楂、菊花、黑木耳等；多吃含有抗氧化物质的食物以及膳食纤维含量较高的食物，如茄子、土豆、芹菜、大蒜、胡萝卜等。忌吃高胆固醇、高脂肪的食物，如螃蟹、动物内脏、肥肉、蛋黄等，否则容易诱发心绞痛、心肌梗死；忌吃高糖食物，如甜点、糖果、奶油、碳酸饮料、冰激淋等，否则会加重肥胖，诱发糖尿病；忌吃使心率加快、增大大脑耗氧量的食物，如咖啡、浓茶、白酒等。

【对症食材推荐】

❶ 芹菜 具有清热除烦、平肝降压、凉血止血的作用，对冠心病有食疗作用。

❷ 橘子 具有开胃理气、生津润肺、化痰止咳等功效，可用于冠心病。

❸ 山楂 能消食化积、理气散瘀、收敛止泻，对冠心病患者有较好的食疗作用。

❹ 生姜 发汗解表、散寒的功效，对寒凝血瘀型冠心病有食疗作用。

❺ 茄子 具有抗氧化功能，能降低血液中胆固醇含量，预防冠心病的发生。

❻ 大蒜  蒜能杀菌，促进食欲，调节血脂、血压、血糖，预防冠心病。

❼ 土豆 土豆富含维生素、钾、纤维素等，能增强机体免疫力，预防癌症和冠心病。

❽ 银耳 具有强精补肾、润肠益肾、补气和血的功效，对冠心病有一定的食疗作用。

❾ 黑木耳 能防止血液凝固，有助于减少动脉硬化、冠心病等致命性疾病的发生。

❿ 白萝卜 常吃白萝卜可降低血脂、软化血管、稳定血压，还可预防冠心病。

【对症食疗搭配速查】

❶【山楂+银耳+橘子】煮汤,理气散瘀、补气和血。对冠心病患者有益。

❷【茄子+大蒜+姜末】炒食,消炎杀菌、发汗解表,适宜冠心病患者食用。

❸【芹菜+木耳】清炒食用,可降压降脂,扩张冠状动脉,非常适宜冠心病患者食用。

【对症药材推荐】

❶ 玉竹 | 有较好的强心作用,临床上常用于风湿性心脏病、冠心病、气阴两虚证的治疗。

❷ 丹参 | 能扩张外周血管、降低血压,对动脉硬化、冠心病、心肌炎均有一定的疗效。

❸ 田七 | 具有活血化瘀、去瘀生新的独特疗效,可用于治疗心肌缺血、冠心病及休克。

❹ 桃仁  | 桃仁具有破血行瘀、润燥滑肠的功效,可用于冠心病的治疗。

❺ 红花 | 具有活血通经、去瘀止痛的功效,临床上常用来防治心脑血管疾病,如冠心病等。

❻ 桂枝 | 具有发汗解肌、温通经脉、助阳化气、平冲降气的功效,可用于治疗冠心病。

❼ 香附 | 具有理气解郁,调经止痛的功效,对冠心病有一定的疗效。

❽ 当归 | 能增强心肌血液供应,对心肌缺血、冠心病、心律失常有明显的改善作用。

❾ 山楂 | 山楂有活血化瘀的功效,有助于消除局部瘀血,可用于治疗冠心病。

❿ 菊花 | 能增加冠脉血流量,加强心肌收缩和增加耗氧量,强化心脏机能。

⓫ 海参 | 海参含胆固醇低,脂肪含量相对少,对冠心病病人堪称食疗佳品。

⓬ 葛根 | 葛根具有增加脑及冠状血管血流量,且作用温和,可治疗冠心病。

【对症方剂配伍速查】

❶【玉竹+菊花+山楂】水煎服,可强心健脾,对冠心病患者有疗效。

❷【桃仁+红花+当归】水煎服,可破血行瘀、补血活血,适用于冠心病患者。

❸【丹参+田七+香附】水煎服,能扩张外周血管、促进血液循环,可治疗血瘀型冠心病。

贫血

【病症陈述】 在一定容积的循环血液内红细胞计数、血红蛋白量以及血细胞比容均低于正常标准称为贫血,分为缺铁性贫血、出血性贫血、溶血性贫血、再生障碍性贫血。

[病症分析] 贫血可能是一种复杂疾病的临床表现,症见头晕、眼花、耳鸣、面部及耳轮色泽苍白、心慌、心速、夜寐不安、疲乏无力,指甲变平凹而脆裂,注意力不集中,食欲不佳,女性可能出现月经不调。妇女发病较多。造成贫血的原因有:①造血的原料不足。②血细胞形态的改变。③人体的造血机能降低。④红细胞受到过多的破坏或损失。此病儿童、妇女较常见。

[饮食原则] 贫血患者宜选用具有增加血红蛋白浓度、促进红细胞生成的中药材和食材,如当归、熟地、阿胶、红枣、猪肝、菠菜、乌鸡、龙眼肉等,多食富含维生素C的绿色蔬菜和瓜果。勿食生冷性凉的食物,如马蹄、海藻、草豆蔻、荷叶、薄荷、菊花、槟榔、冷饮;忌辛辣、刺激性强的食物,如辣椒、大蒜、胡椒、桂皮、芥末、白酒、白萝卜、茶;忌烟酒,忌与患传染病或发热的病人接触,引发感染。

【对症食材推荐】

❶ **乌鸡** 对于病后、产后贫血者具有补血、促进康复的食疗作用。

❷ **牛肉** 牛肉补脾胃、益气血、强筋骨。对贫血症有食疗作用。

❸ **猪肝** 猪肝具有补气养血、养肝明目等功效,是贫血患者不可多得的补血佳品。

❹ **猪血** "以血养血",可改善缺铁性贫血,适合贫血患者食用。

❺ **鸽肉** 鸽肉具有补肾、益气、养血之功效,尤其适宜贫血者食用。

❻ **甲鱼** 具有益气补虚、净血散结等功效,对高血压、冠心病具有一定的辅助疗效。

❼ **鳝鱼**  具有补气养血、祛风湿、强筋骨、壮阳等功效,对贫血患者有一定的疗效。

❽ **菠菜** 含有丰富的铁元素,对贫血患者有一定的食疗效果。

❾ **桑葚** 桑葚具有补肝益肾、生津润肠、乌发明目等功效,可治贫血。

❿ **葡萄** 具有滋补肝肾、养血益气的功效,是贫血者的佳品。

⓫ **樱桃** 常食樱桃可补充体内对铁元素的需求,促进血红蛋白再生,可防治缺铁性贫血。

【对症食疗搭配速查】

❶【乌鸡+龙眼肉】煮汤，可补血益气，对贫血患者有一定的食疗效果。

❷【猪肝+猪血+菠菜】煮汤，含铁量丰富，贫血患者可常食。对贫血有辅助疗效。

❸【紫米+红腰豆+红枣】煮汤，可补脾和胃、养血益气。对贫血患者有一定疗效。

❹【桑葚+葡萄+樱桃】榨汁，促进血红蛋白再生，补血活血。

❺【鸽肉+干荔枝】煮汤，可强身健体、补气益血，对贫血患者有一定食疗效果。

❻【甲鱼+墨鱼+红枣】煮汤，可益气补虚、补血，对贫血有一定食疗效果。

【对症药材推荐】

❶ 当归 | 当归具有补血和血、调经止痛的功效，是常用的补血佳品，适用于贫血者。

❷ 熟地 | 熟地具有滋阴补血、补肾益精的功效，为补血滋阴的常用药，可用于贫血症。

❸ 阿胶 | 阿胶具有滋阴润燥、补血止血的功效。可用于治疗眩晕、心悸失眠、贫血等病症。

❹ 首乌 | 何首乌有补肝益肾、养血祛风的功效，可用来治贫血症。

❺ 人参 | 人参具有大补元气、复脉固脱、补脾益肺、生津安神的功效，对贫血者有益。

❻ 枸杞 | 枸杞子是滋肾、润肺的高级补品，对贫血患者也有一定的疗效。

❼ 红枣 | 大枣有补脾和胃、养血益气功效，常用于治疗气血津液不足，适用于贫血患者。

❽ 龙眼肉 | 能增进红细胞及血红蛋白活性、增加冠状动脉血流量，能预防贫血的发生。

❾ 白芍 | 能养肝补血，对肝血不足引起的贫血患者有一定的食疗效果。

【对症方剂配伍速查】

❶【当归+熟地+首乌】水煎服，具有很好的补血功效，适宜贫血患者服用。

❷【阿胶+红枣+枸杞】水煎服，可益气补血，对贫血患者有一定疗效。

❸【人参+龙眼肉】水煎服，补血益肾、大补元气，促生红细胞，对贫血患者有一定疗效。

❹【熟地+当归+川芎+白芍】水煎服，此为补血代表方剂，可治疗血虚引起的各种病症。

偏头痛

[病症陈述] 偏头疼是反复发作的一种搏动性头疼。在头痛发生前或发作时可伴有神经、精神功能障碍。据研究显示，偏头痛患者比平常人更容易发生大脑局部损伤，进而引发中风。

[症状分析] 典型性偏头痛多数病人呈周期性发作，女性多见。发病前大部分病人可出现看视物模糊、闪光、幻视、盲点、眼胀且情绪不稳定，几乎所有病人都怕光，数分钟后即出现一侧性头痛，大多数以头前部、颞部、眼眶周围、太阳穴等部位为主。可局限某一部位，也可扩延整个半侧，头痛剧烈时可有血管搏动感或眼球跳出感。疼痛一般在1~2小时达到高峰，持续4~6小时或十几小时，重者可历时数天，病人头痛难忍十分痛苦。

[饮食原则] 部分偏头痛患者多因血压升高、精神压力过大引起，应多食可改善脑血管血液循环的食物，缓解压力的药材和食材，如川芎、桃仁、红花、菊花、合欢皮、山楂、木耳、芹菜、洋葱、宜选用具有降低胆固醇作用的中药材和食材。忌食巧克力、狗肉、羊肉、含酒精的饮料（特别是红葡萄酒）；含咖啡因的饮料（咖啡、茶和可乐）；含谷氨酸钠、代糖和亚硝酸盐等成分的食物。

【对症食材推荐】

❶ 木耳 具有凉血止血，润肺益胃，通利肠道的功效，偏头痛患者可多食。

❷ 芹菜 能清热除烦、平肝、利水消肿、凉血止血，对头痛、头晕等病症有食疗作用。

❸ 荠菜 具有和脾、利水、止血、明目的功效，对偏头痛有缓解作用。

❹ 洋葱  能散寒、健胃、发汗、降血脂、降血压、降血糖、抗癌，对偏头痛有一定的疗效。

❺ 鳝鱼 鳝鱼具有补气养血、祛风湿、强筋骨、壮阳等功效，可用于辅助治疗偏头痛。

❻ 泥鳅 能暖脾胃、壮阳、补中益气、强精补血，是治疗偏头痛的辅助佳品。

❼ 大蒜 蒜能杀菌，促进食欲，调节血脂、血压、血糖，还可增强免疫，缓解偏头痛症状。

❽ 牡蛎 性微寒，能平肝潜阳、收敛固涩，对于肝阳上亢所致头晕目眩有疗效。

❾ 山楂 山楂具有消食化积、行气散瘀的功效，可缓解偏头痛。

❿ 紫菜 紫菜中含有食物纤维卟啉，可以促进排钠，预防高血压。

【对症食疗搭配速查】

❶【木耳+芹菜+牡蛎肉】炒食，可凉血止血，适宜偏头痛患者食用。

❷【鳝鱼+泥鳅+大蒜】焖食，消炎杀菌、补气养血。对改善头痛有疗效。

❸【芹菜+洋葱】炒食，散寒发汗、清热解毒，可用于偏头痛患者。

【对症药材推荐】

❶ 川芎　　川芎所含阿魏酸等成分还有抗痉挛作用。可治头痛、偏头痛、鼻塞声重。

❷ 桃仁 　桃仁可破血行瘀、润燥滑肠，可用于偏头痛的治疗。

❸ 红花 　红花具有活血通经、去瘀止痛的功效，对偏头痛有较好的疗效。

❹ 地龙 　清热定惊、通络、平喘、利尿，可用于偏头痛等症。

❺ 菊花 　能平肝明目、散风清热、消渴止痛。可治头痛、眩晕等症。

❻ 天麻 　能平肝潜阳、息风定惊。主治眩晕、头风头痛等病症。

❼ 钩藤 　钩藤有明显的镇静作用，可用于偏头痛的治疗。

❽ 石决明 　性寒，能平肝潜阳、清肝明目，对于肝阳上亢所致头晕目眩有疗效。

❾ 合欢皮　性平，能安神解郁、活血消肿，对偏头痛有一定疗效。

❿ 三七 　具有活血化瘀、去瘀生新的独特疗效，能扩张血管，缓解血管紧张性头痛。

⓫ 丹参 　丹参能扩张外周血管、降低血压，改善缺血再灌注损伤，对高血压引起的头痛有一定的疗效。

【对症方剂配伍速查】

❶【川芎+桃仁+地龙】水煎服，可破血行瘀，适宜偏头痛患者服用。

❷【红花+合欢皮+菊花】水煎服，可疏肝解郁、活血化瘀、平肝降压，有效防治偏头痛。

❸【天麻+钩藤+石决明】水煎服，可平肝潜阳、镇静定惊，对头痛有一定疗效。

❹【牡蛎+石决明】水煎服，可平肝潜阳、清肝明目，对于肝阳上亢所致头痛有疗效。

心肌炎

[病症陈述] 心肌炎是指心肌中发生的急性、亚急性或慢性的炎性病变，这种炎性病变可能是局限性的，也可能是弥漫性的，多发于儿童、青壮年、心脏疾病患者。

[病因分析] 心肌炎的病因主要包括病毒感染（主要为柯萨奇病毒）、理化因素的影响以及药物因素等。婴幼儿患者的病情多比较严重，而成年人患者可无明显的症状，前驱期常伴有发热、疲乏、多汗、心慌、气急、心前区闷痛等，严重者可并发心律失常、心功能不全甚至猝死。心肌炎的临床表现较少，诊断较难，所以很多患者会因发生误诊或被忽视等情况，致使病情加重，所以，一旦发现有心慌、胸闷、气急、气短、面色苍白、全身乏力等症状，应及时到医院做检查。心肌炎患者在治疗过程中要注意休息，限制活动，以减轻心脏的负担，防止发生心衰、心律失常等并发症。

[饮食原则] ①心肌炎患者宜选用具有抵抗柯萨奇病毒作用的中药食材，如苦参、丁香、淫羊藿、乌药、败酱草、山豆根等；②宜选用具有抗炎杀菌作用的中药食材，如黄柏、马齿苋、绿豆、绿茶等；③宜食含蛋白量较高的食物，如腐竹、冬菇、口蘑、牛肉、鸡、青鱼、带鱼、黄花鱼、鸡蛋、鸭蛋等；④宜食含维生素丰富的新鲜蔬菜和水果，如苹果、橙子、香蕉、柚子、猕猴桃、草莓等；⑤宜食含锌高的食物，如牡蛎、蚝、蚌、花生、萝卜、小米、大白菜等；⑥宜食含硒高的食物，紫薯、蘑菇、大蒜、虾类等；⑦忌食高脂肪的食物，如肥猪肉、黄油、奶油、动物内脏、鱼子、动物油等；⑧忌烟戒酒。

【对症食材推荐】

❶ 马齿苋		清热解毒、消肿止痛。对心肌炎患者有一定的食疗作用。
❷ 大蒜		蒜能杀菌，促进食欲，调节血脂、血压、血糖，对心肌炎有疗效。
❸ 苋菜		能清热利湿，凉血止血，止痢，对心肌炎有食疗作用。
❹ 丝瓜		丝瓜清热化痰、凉血解毒，对心肌炎有一定食疗功效。
❺ 苦瓜		清暑除烦、清热解毒、降低血糖。对治疗心肌炎有一定的疗效。
❻ 绿豆		能降压降脂、调和五脏、清热解毒、利水消肿，对心肌炎有较好的疗效。
❼ 赤小豆		具有良好的降血压、降血脂的作用，可用于心肌炎的食疗方。
❽ 荠菜		具有和脾、利水、止血、明目的功效，可辅助治疗心肌炎。

【对症食疗搭配速查】

❶【马齿苋+大蒜】炒食，可清热杀菌、消炎止痛，可用于心肌炎。

❷【丝瓜+苦瓜】炒食，可清暑除烦、清热解毒。对心肌炎患者有益。

❸【绿豆+赤小豆】煮汤，可清热解毒、利水消肿，适宜心肌炎患者食用。

❹【苋菜+荠菜】炒食，可清热利湿、凉血止血，适用于心肌炎。

【对症药材推荐】

❶ 苦参 清热燥湿、杀虫止痒，对心肌炎有较好的疗效。

❷ 生地 清热凉血、养阴生津，可用于治疗心肌炎患者。

❸ 葛根 升阳解肌、透疹止泻、除烦止渴，常用于治疗心肌炎。

❹ 丹参 活血化瘀、安神宁心、排脓止痛。对心肌炎有一定的疗效。

❺ 赤芍 能清热凉血、散瘀止痛，可用于目赤肿痛，对心肌炎的治疗有益。

❻ 淡竹叶 淡竹叶具有清凉解热，利尿的功效，对心肌炎有较好的疗效。

❼ 木通 木通可泻火行水、通利血脉，对心肌炎患者有一定疗效。

❽ 炙甘草  补脾和胃、益气复脉，可用于脾胃虚弱、心动悸、脉结代、心肌炎等的治疗。

❾ 黄柏 性寒，能清热燥湿、泻火解毒，退虚热，对病菌有很好的抑制作用。

❿ 秦皮 性寒，能清热解毒、清肝明目，对病菌有不同程度的抑制作用。

⓫ 龙胆草 性寒，能清热燥湿、泻肝火，对病菌有不同程度的抑制作用。

【对症方剂配伍速查】

❶【苦参+炙甘草+丹参】水煎服，可活血化瘀、清热燥湿。对心肌炎患者有益。

❷【葛根+赤芍+生地】水煎服，可清热凉血、散瘀止痛。对心肌炎患者有疗效。

❸【生地+木通+淡竹叶+甘草】水煎服，可清凉解热、养阴生津。

❹【黄柏+秦皮+龙胆草】水煎服，可清热解毒，对心肌炎患者有益。

血管硬化

[病症陈述] 脑血管硬化是指脑部血管弥漫性粥样硬化、管腔狭窄及小血管闭塞致使脑部血供减少所引起的一系列病理变化。其临床特点为进行性脑功能减退,并发脑梗死、脑出血等。

[病症分析] 脑血管硬化的初期症状主要有头晕头痛,头痛多发生在前额部和枕部(即后脑勺),性质多为钝痛,在体位变化时最易出现或原有症状加重。后期症状主要表现为脑实质性精神症状和痴呆症候群,即脑动脉硬化性精神病。突出表现为记忆力缺损,除近事记忆显著障碍外,远事记忆亦受累,严重者会出现脑卒中、脑出血甚至猝死等并发症。

[饮食原则] 脑血管硬化患者宜选用具有抗血小板凝集功能的中药材和食材,如赤芍、昆布、桃仁、丹参、蒲黄、当归、五灵脂、大蒜、洋葱、木耳等;宜选用具有改善血液循环功能的中药材和食材,如川芎、益母草、红花、白果、桑叶、马齿苋、蜂蜜等。宜多食含有大量维生素C、钾、镁元素的蔬菜和水果,如:橘子、芹菜、猕猴桃、西瓜、苹果等。多食含丰富的碘、铁、钙、硒、蛋白质和不饱和脂肪酸的食物,如鱼类、坚果类、酸奶、蜂蜜等。同时,应节制饮食,限制高胆固醇、高脂肪饮食的摄入,避免高汤饮食,戒烟忌酒,控制盐分的摄入量。

【对症食材推荐】

❶ 茄子		具有抗氧化功能,防止细胞癌变,同时也能预防血管硬化、调节血压、保护心脏。
❷ 莲藕		能滋阴养血,可以补五脏之虚、强壮筋骨、补血养血。对血管硬化患者有疗效。
❸ 木耳		可防止血液凝固,能预防脑出血、心肌梗死、血管硬化等致命性疾病的发生。
❹ 芹菜		芹菜具有清热除烦、平肝、利水消肿、凉血止血的作用,对血管硬化有食疗作用。
❺ 韭菜		具有降血脂及扩张血脉的作用,适用于治疗心脑血管疾病和高血压。
❻ 花生		花生对于预防心脏病、高血压、脑出血和血管硬化的产生有食疗作用。
❼ 大蒜		能杀菌,促进食欲,调节血脂,可预防心脏病,抗肿瘤,预防血管硬化。
❽ 银耳		银耳具有强精补肾、润肠益肾、补气和血的功效,对血管硬化患者有食疗作用。
❾ 醋		醋具有活血散瘀、消食化积、解毒的功效,血管硬化症患者可常食。
❿ 柠檬		能止咳化痰、生津健脾、改善人体血液循环、预防心血管疾病。

【对症食疗搭配速查】

❶【茄子+大蒜】炒食,可消炎杀菌、抗氧化。能防止血管硬化的发生。

❷【木耳+芹菜+醋】炒食,可防止血液凝固,预防血管硬化。

❸【韭菜+花生】炒食,可防止血液凝固,预防血管硬化。

❹【银耳+柠檬+红酒】焖食,可改善血液循环。

【对症药材推荐】

❶ 田七 | 田七具有止血、散瘀、消肿、定痛的功效。可用于治疗血管硬化等病症。

❷ 山楂 | 山楂具有消食化积、活血化瘀的功效,对血管硬化有辅助作用。

❸ 川芎 | 能行气开郁、活血止痛,对血管硬化患者有一定的疗效。

❹ 红花 | 红花具有活血通经、去瘀止痛的功效。对血管硬化有预防作用。

❺ 生地 | 鲜地黄具有清热凉血、养阴生津的功效,可用于治疗血管硬化。

❻ 赤芍 | 赤芍具有清热凉血、散瘀止痛的功效,可用于血管硬化症的治疗。

❼ 玫瑰花 | 能疏肝利胆、活血散瘀、调经止痛,对血管硬化等病症具有辅助治疗之效。

❽ 槐花 | 槐花具有凉血止血、清肝泻火的功效,可用于血管硬化症的辅助治疗。

❾ 当归 | 当归具有补血和血、调经止痛、润燥滑肠的功效,可用于血管硬化症的治疗。

❿ 丹参 | 丹参具有活血化瘀、安神宁心、排脓、止痛的功效,可用于治疗血管硬化症。

⓫ 葛根 | 葛根有扩张血管,增强血管流量,可预防血管硬化。

【对症方剂配伍速查】

❶【当归+川芎+赤芍】水煎服,可活血止痛、散瘀止痛,可用于血管硬化症。

❷【玫瑰花+槐花+红花】水煎服,可活血散瘀、凉血止血。对血管硬化患者有疗效。

❸【山楂+葛根】水煎服,可活血化瘀、降压降糖,有效防治动脉硬化。

❹【田七+丹参+生地】水煎服,可活血祛瘀、清热凉血。

中风后遗症

[病症陈述]中风是以突然昏倒、意识不清、口渴、言謇、偏瘫为主症的一种疾病。它包括现代医学的脑出血、脑血栓、脑栓塞、短暂脑缺血发作等病，是死亡率较高的疾病之一。

[症状分析]中风是以突然昏倒、意识不清、口渴、言謇、偏瘫为主症的一种疾病，包括西医学的脑出血、脑血栓、短暂性脑缺血发作。中风后遗症是指中风发病6个月以后，仍遗留程度不同的偏瘫、麻木、言语謇涩不利、口舌歪斜、痴呆等。

[饮食原则]宜多吃具有养血活血、化瘀通络功效的药材，如当归、川芎、红花、桃仁、天麻、钩藤、鸡血藤、地龙、全蝎、僵蚕、黄芪等；适当选用具有降脂、降压、软化血管和有补益作用的粮食蔬菜，如芹菜、山药、牛肉、鲫鱼、醋、白酒、木耳、白萝卜、葡萄等。油炸、油煎或油酥的食物要少吃；胆固醇含量高的食物要少吃，如肥猪肉、肥牛等；忌高盐饮食。

【对症食材推荐】

❶ 山药 山药具有健脾补肺、益胃补肾、固肾益精的功效，对中风后遗症有食疗作用。

❷ 牛肉 能补脾胃、益气血、强筋骨。对中风后期气血亏损有食疗作用。

❸ 醋 能活血散瘀、消食化积、解毒。对中风后遗症患者有益。

❹ 木耳 黑木耳具有补血气、活血、滋润、强壮、通便之功效，对中风后遗症有食疗作用。

【对症食疗搭配速查】

❶【山药+牛肉】煮汤，可健脾胃、益气血。对中风后遗症患者有益。

❷【木耳+芹菜+醋】炒食，可清热除烦、补血益气。对中风后遗症患者有益。

【对症药材推荐】

❶ 全蝎 能熄风镇痉、消炎攻毒、通络止痛，治疗心脑血管病、炎症、乙肝、肿瘤等病。

❷ 地龙 能清热定惊，通络、平喘，利尿。可用于治疗中风后遗症。

❸ 天麻 能平肝潜阳、息风定惊，为治头晕目眩的要药。对中风后遗症亦有疗效。

【对症方剂配伍速查】

❶【全蝎+地龙+天麻】水煎服，可平肝熄风、活血通络。

第2章
呼吸系统疾病对症食疗速查

● 呼吸道包括鼻腔、咽、喉、气管和各级支气管，呼吸系统的主要功能就是通过与外界的气体交换，从而获取生命活动所需要的氧气，并且将新陈代谢产生的二氧化碳排出体外。

常见的呼吸系统疾病有感冒、中暑、肺炎、慢性支气管炎、哮喘、肺结核、肺气肿、肺癌等。呼吸科疾病大多是多发病和慢性病，主要病变在气管、支气管、肺部及胸腔，病变轻者多咳嗽、胸痛、呼吸受影响，重者呼吸困难、缺氧，甚至呼吸衰竭而致死，其死亡率在城市占第3位，在农村则占首位，因此我们要引起足够的重视。

本章从疾病症状、病因、对症食材、对症药材等方面详细介绍了呼吸科常见疾病，以帮助患者早日康复。

感冒

[病症陈述] 感冒，中医称"伤风"，是一种由多种病毒引起的呼吸道常见病。普通感冒起病较急，早期多有咽部干痒或灼热感、流涕、打喷嚏、鼻塞等症状，可伴有咽痛、低热、头痛等。

[病因分析] 感冒主要的致病病毒为冠状病毒和鼻病毒，当人们有受凉、过度疲劳、营养不良、烟酒过度或者其他全身性疾病等，引起机体抵抗力下降时，就容易诱发冠状病毒和鼻病毒的感染。

[饮食原则] 风寒型感冒患者应选择具有发散风寒、辛温解表作用的食物，如白芷、砂仁、葱白等，勿食寒凉生冷之物，如冰激凌、西瓜、西红柿等。风热型感冒患者应选择具有清热利咽、辛凉解表作用的食物，如石膏、枇杷、豆腐等，勿食性凉温补之物，勿食辛温燥热之物，如花椒、辣椒、洋葱、胡椒、芥末、羊肉等。暑湿性感冒患者应选择具有清暑祛湿解表作用的食物，如莲叶、白扁豆、苦瓜等。流行性感冒患者应选择具有抗炎、抗病毒为主，辅以清热、生津作用的食物，如野菊花、蜂蜜等，忌食辛辣刺激、油腻含油脂食物。凡感冒患者忌食油腻食物，如肥肉、炸薯条、炸鸡等，这些食物可助湿生痰，会加重痰液的分泌量。

【对症食材推荐】

❶ 生姜 含有油性挥发物，能温中止呕，散寒止咳，发汗解表，对风寒感冒有作用。

❷ 葱  含有丰富的营养物质，温性食材，能发汗解表，散风寒，通阳，对风寒感冒有益。

❸ 辣椒 含有多种维生素，热性食材，能温中下气，散寒祛湿，对风寒感冒有疗效。

❹ 胡椒 富含多种维生素，热性食材，能温中下气，散寒祛湿，对风寒感冒有益。

❺ 豆豉 含有多种蛋白质，能解肌发表，发汗散寒，对风寒感冒有疗效。

❻ 红糖 富含钙质元素，温性食材，能祛寒解表，对风寒感冒有一定作用。

❼ 苦瓜 苦瓜是寒性食材，能清热除烦，对风热感冒有疗效。

❽ 丝瓜 凉性食材，能清热解毒，祛风化痰，对风热感冒患者有良好的作用。

❾ 白萝卜 维生素丰富，凉性食材，能清热化痰，消渴，化积滞，对风热感冒有疗效。

❿ 西红柿 营养丰富，是凉性食材，能清热解毒，凉血利尿，止渴，对风热感冒有作用。

⓫ 梨 营养丰富，凉性食材，能清热降火，化痰，对风热感冒有疗效。

【对症食疗搭配速查】

❶【生姜+葱花+红糖】煮水，能发表散寒，止呕，对风寒感冒疗效佳。

❷【葱白+粳米】熬粥服用，能解表散寒，助阳发汗，对风寒感冒有疗效。

❸【生姜+豆豉+葱白】煎水饮用，能发汗解表，对风寒感冒有益。

❹【薄荷+粳米】熬粥服用，能清头目、散风热，对风热感冒疗效佳。

【对症药材推荐】

❶ 麻黄		辛温解表，发汗散寒，对外感风寒、表实无汗有疗效。
❷ 桂枝		辛温解表，发汗散寒，发汗解肌，温通经络，对风寒感冒有疗效。
❸ 苏叶		性温，解表散寒，对外感风寒、恶寒发热有治疗效果。
❹ 防风		性温，祛风解表、胜湿止痛，对风寒感冒有疗效。
❺ 荆芥		性温，发汗解表，祛风散寒，对风寒感冒，发热无汗有疗效。
❻ 菊花		性微寒，能疏风散热、清肝明目、清热解毒，对风热感冒及头痛有疗效。
❼ 薄荷		性凉，能疏风散热、清利头目，对风热感冒及风热头痛有疗效。
❽ 葛根		性凉，能升阳止泻、解肌退热、退热消渴，对风热感冒及发热头痛有疗效。
❾ 桑叶		性寒，疏散风热、清肺润燥、清肝明目，对风热感冒、肿痛、头痛有疗效。
❿ 柴胡		性微寒，发表退热、和解少阳、升阳疏肝，对风热感冒有疗效。

【对症方剂配伍速查】

❶【苏叶+前胡】水煎服，可治外感风寒，恶寒发热，头痛鼻塞。

❷【桂枝+麻黄】水煎服，可治外感风寒，腠理闭塞所致发热恶寒、头痛。

❸【菊花+桑叶】水煎服，可疏散风热、清热解毒。对风热感冒有一定疗效。

❹【葛根+柴胡】水煎服，可治外感发热、头痛项强。对风热感冒患者有一定治疗作用。

❺【蔓荆子+薄荷】水煎服，可清热解表，治外感风热，头痛头晕，对风热感冒患者有益。

中暑

[病症陈述] 中暑是由于在高温高湿环境下,人体内产热和吸收热量超过散热,人体温调节功能紊乱而引起的中枢神经系统和循环系统障碍,为主要表现的急性疾病。

[病因分析] 发病因素主要与天气气候环境方面、自身因素方面(主要是自身的抵抗力)、其他(主要是先天的体质和年龄差别)。高温可以引起体温调节功能紊乱,在烈日下曝晒或高温环境下重体力劳动一定时间后,出现大汗、口渴、乏力、头晕、胸闷等症状时为中暑先兆,经阴凉处短暂休息,补充水和盐后,在短时间内症状即可消失。若出现发热(体温在38.5℃以上)、皮肤灼热、恶心、呕吐、血压下降、脉转细速等表现,而在数小时内能恢复者为轻症中暑。若伴有昏迷、痉挛,或一日内不能恢复者为重症中暑。

[饮食原则] 中暑多发在夏季,所以夏季在饮食方面应多加注意,应多吃瓜果(如黄瓜、苦瓜、丝瓜、西瓜、冬瓜等),清淡饮食以蔬菜为主,尤其应多吃苦味的蔬菜,夏季气温高湿度大,往往使人精神萎靡、倦怠乏力、食欲不振,此时,若吃点苦味蔬菜可通过其补气固肾、健脾燥湿的作用,达到平衡机体功能的目的。忌大量饮水;忌吃大量的生冷瓜果、冰镇饮料;忌吃油腻性的食物、忌单纯进补。

【对症食材推荐】

❶ 莲子 | 性平,能清心醒脾、安神明目、除烦,对中暑症状有缓解作用。

❷ 西瓜 | 性寒,能清热解暑、除烦止渴、利水消肿,对中暑症状有防治作用。

❸ 绿豆 | 性凉,能清热解毒、消暑止渴、利水消肿,对中暑有防治作用。

❹ 苦瓜 | 性寒,能清热解毒、清热消暑、除烦,对中暑有防治作用。

❺ 薏米 | 性凉,能清热利湿、除烦消渴,对中暑有防治作用。

❻ 苋菜 | 性凉,能清热利湿、凉血止血,对中暑有防治作用。

❼ 马齿苋 | 性寒,能清热解毒、消肿止痛,对中暑症状有缓解作用。

❽ 丝瓜 | 性凉,能清暑凉血、解毒通便,对防治中暑有一定作用。

❾ 梨 | 性寒,能清热降火、养血生津,对防治中暑有一定作用。

❿ 柚子 | 性寒,能清热泻火、生津止渴,适合夏季中暑的患者食用。

【对症食疗搭配速查】

❶【苦瓜+瘦肉末】清炒食用,能清热解暑,对防治中暑有作用。

❷【薄荷+粳米】熬粥服用,能清热解毒、凉血,对防治中暑有疗效。

❸【绿豆+酸梅】煮汤饮用,能清热解毒、消肿,对防治中暑有效果。

❹【薏米+红豆】熬粥服用,能利水消肿、除湿、解暑,对防治中暑有疗效。

❺【西瓜+猕猴桃】榨汁服用,能清热解暑,对防治中暑效果极佳。

【对症药材推荐】

❶ 荷叶 性平,清热解暑、升阳止泻、化湿和中,对中暑有防治作用。

❷ 藿香 性微温,发表解暑、和中化湿,对中暑湿吐泻的患者有治疗效果。

❸ 白扁豆 性微温,健脾止泻、消暑化湿,对中暑有一定的防治作用。

❹ 香薷 性微温,发汗解表、祛暑化湿、调中和胃,对中暑有一定的缓解作用。

❺ 车前子 性寒,利尿通淋、渗湿止泻、清肺化痰,对中暑有防治作用。

❻ 竹叶 性寒,清热利尿、除烦消渴,对中暑有防治作用。

❼ 石斛 性寒,养阴清热,对中暑患者有一定的治疗作用。

❽ 知母 性寒,滋阴润燥、清热降火、除烦止渴,对中暑有一定的防治作用。

❾ 车前草 性寒,利尿通淋、渗湿止泻、清肺化痰,对中暑有防治作用。

❿ 赤小豆 性平,能健脾养胃、利尿消肿,对暑热有食疗作用。

【对症方剂配伍速查】

❶【荷叶+西瓜翠衣】水煎服,可清热解暑,治暑温,对中暑症状有缓解作用。

❷【竹叶+石膏】水煎服,可清心除烦、生津止渴,对中暑有防治作用。

❸【藿香+黄芩】水煎服,可化湿解暑,治湿温时疫、湿热重者,对中暑有缓解作用。

❹【石斛+生地】水煎服,可滋阴清热,对中暑有一定的治疗效果。

肺炎

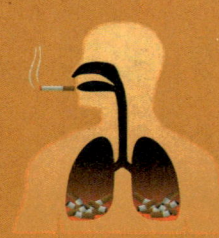

[病症陈述] 肺炎是指肺泡腔和间质组织的肺实质感染，通常发病急、变化快，并发症多，是内、儿科的常见病之一，是终末气道、肺泡和肺间质的炎症。

[症状分析] 中医认为，肺炎为痰热郁肺、邪毒侵袭所致。多数患者起病急骤，常有受凉、劳累、病毒感染等诱因，约1/3患者病前有上呼吸道感染，病程常为7~10天。其主要的临床表现为：发热，呼吸急促，持久干咳，可能有单边胸痛，深呼吸和咳嗽时胸痛，有小量痰或大量痰，可能含有血丝，少数患者会有恶心、呕吐、腹胀、腹泻等胃肠道症状。严重感染者可出现神志模糊、烦躁、嗜睡等。肺炎的发病因素包括：细菌、病毒、真菌、放射线、吸入性异物等。

[饮食原则] 肺炎患者宜选用有对抗葡萄球菌作用的中药食材，如菊花、鱼腥草、葱白、金银花、桑叶、牛蒡子、紫苏、川贝、海金沙、茯苓、木香等；宜选用有抑制肺炎球菌作用的中药食材，如白果、桂枝、柴胡、莱菔子、花椒、薄荷等。忌吃辛辣、生冷、刺激性的食物，如辣椒、胡椒、芥末、冰激凌、碳酸饮料、咖啡、浓茶。忌吃油腻食物，导致中焦受遏，运化不利，如肥肉、鱼、油炸食品。忌食甘温水果，助热生痰，如香蕉、桃子、杏、李子。

【对症食材推荐】

❶ 雪梨 性寒，能止咳话痰、润肺去燥、清热降火，对肺炎有一定的治疗效果。

❷ 杏仁 性温，能祛痰、止咳、平喘，对肺部感染有一定的治疗效果。

❸ 老鸭 性寒，能清肺解热、大补虚劳，对肺炎有疗效。

❹ 核桃 性温，能温补肺肾、定喘，对肺炎有一定的疗效。

❺ 无花果 性平，能滋阴利咽，对呼吸道感染有疗效。对肺炎患者有益。

❻ 香菇 性平，能化痰理气、解毒，对肺炎患者有治疗作用。

❼ 猪肺 性平，能补肺、止咳、止血，对肺炎症状有缓解作用。

❽ 金橘 性温，能生津消食、化痰利咽，对肺炎症状有缓解作用。

❾ 白萝卜 性凉，能化痰清热，治消渴，对肺炎症状有缓解作用。

❿ 橄榄 性凉，能清热解毒、化痰，对肺炎的症状有缓解作用。

【对症食疗搭配速查】

❶【雪梨+金桔】榨汁饮用，能润肺止咳、清热化痰，对肺炎患者有较好的治疗作用。

❷【核桃+杏仁+鸡蛋】煮熟食用，能补气敛肺、止咳化痰，对肺炎患者有食疗效果。

❸【老鸭+橄榄+白萝卜】煮汤服用，能清肺润肠，对肺炎有辅助治疗作用。

【对症药材推荐】

❶ 菊花 | 性微寒，能疏风、清热、明目、解毒，对肺炎有辅助治疗作用。

❷ 款冬花  | 性温，能润肺下气、化痰止咳，对肺炎有治疗效果。

❸ 桔梗 | 性平，能宣肺、祛痰、利咽，对肺炎有一定的治疗效果。

❹ 枇杷叶 | 性凉，能清肺解热、化痰止咳，对肺炎有治疗作用。

❺ 百合 | 性平，能润肺止咳、清热，对肺炎有一定的疗效。

❻ 白果 | 性平，能收敛肺气、定喘咳，对肺炎有治疗作用。

❼ 川贝 | 性凉，能镇咳化痰，对肺炎有辅助治疗的效果。

❽ 鱼腥草 | 性寒，能清热解毒、利尿消肿，对肺炎有治疗作用。

❾ 罗汉果  | 性凉，能清热润肺、生津止渴、滑肠通便，对肺热咳嗽有疗效。

❿ 北沙参 | 性凉，能养阴清肺、祛痰止咳、生津，对肺炎及肺热咳嗽有治疗作用。

⓫ 桑白皮  | 性寒，能泻肺平喘、利尿消肿，治疗肺热咳嗽，痰多。

⓬ 麦冬 | 性微寒，能养阴生津、润肺清心，对肺炎有辅助治疗作用。

【对症方剂配伍速查】

❶【桑叶+麦冬+杏仁】水煎服，能养肺阴、清肺热、润肺燥、止咳。

❷【川贝++枇杷叶】水煎服，能清肺泄热、润肺化痰、止咳。对肺炎患者有益。

❸【桔梗+鱼腥草】水煎服，能增强清肺排脓之效，对肺炎有治疗作用。

❹【紫苑+款冬花】水煎服，能治寒邪伤肺，久咳不止，对肺炎有治疗作用。

慢性支气管炎

[病症陈述] 慢性支气管炎是一种常见的慢性呼吸道疾病,病程长。临床表现为清晨、夜间较多痰,呈白色黏液或浆液泡沫性,偶有血丝,急性发作并细菌感染时痰量增多且呈黄稠脓性痰。

[病因分析] 慢性支气管炎的病因复杂,可分为内因和外因两方面:外因包括吸烟、细菌和病毒感染,烟雾、粉尘、大气污染的慢性刺激,寒冷刺激,对尘埃、尘螨等过敏;内因主要是指正常的呼吸道免疫功能降低以及自主神经功能的失调。

[饮食原则] 慢性支气管患者宜选择有抑制病菌感染的中药食材,如杏仁、百合、知母、丹参、川芎、黄芪、梨等;宜选择应选择健脾养肺、补肾化痰的食物,如桑白皮、金橘、胡桃、栗子、佛手柑、猪肺、人参等。忌吃油腻黏糯、助湿生痰、性寒生冷之物,如肥肉、香肠、糯米、海鲜等。忌吃辛辣刺激、过咸的食物,如咸鱼、辣椒、胡椒、芥末、咖喱、生姜、大蒜、桂皮、香菜等。

【对症食材推荐】

❶ 猪肺 | 性平,能补肺、止咳、止血,对肺虚咳嗽及咯血有疗效。能缓解慢支的症状。

❷ 老鸭 | 性平,能清肺解热,治疗咳嗽痰少、咽喉干燥等症,对慢支有辅助治疗作用。

❸ 杏仁 | 性温,能祛痰、止咳、平喘,治疗干咳无痰,肺虚久咳,对治疗慢支有疗效。

❹ 核桃 | 性温,能温补肺肾、定喘润肠,治疗肺虚久咳,对慢支的治疗有一定疗效。

❺ 无花果 | 性平,能滋阴利咽,对治疗慢支有一定的作用。

❻ 香菇 | 性平,能化痰理气、解毒,对治疗慢支有辅助治疗效果。

❼ 枇杷 | 性平,能生津止渴、清肺止咳,对慢支有一定的疗效。

❽ 金橘 | 性温,能生津消食、化痰利咽,对治疗慢支有效果。

❾ 白萝卜 | 性凉,能化痰清热,治消渴,对慢性支气管炎有疗效。

❿ 橄榄 | 性凉,能清热解毒、化痰,对治疗慢支有疗效。

⓫ 枇杷  | 性平,能生津止渴、清肺止咳,对肺炎引起的咳嗽有治疗效果。

【对症食疗搭配速查】

❶【柚子+公鸡】炖汤服用,能健胃下气、化痰止咳,治疗肺气肿及慢性支气管病人。

❷【白果+杏仁+核桃仁+鸡蛋】蒸煮服用,能止咳平喘、益气补虚,对患者有疗效。

❸【白萝卜+香菇】煮汤服用,能清热化痰、理气、治消渴,对慢支患者有疗效。

❹【蜂蜜+雪梨】蒸煮服用,能润肺止咳、滋阴润燥,适合慢支病人服用。

【对症药材推荐】

❶ 白果 | 性平,能收敛肺气、定哮喘、痰嗽,对慢支患者有治疗作用。

❷ 川贝 | 性凉,能润肺散结、止嗽化痰,对慢支患者有治疗效果。

❸ 北沙参 | 性凉,能养阴清肺、祛痰止咳,治疗慢支病人有效。

❹ 太子参  | 性平,能补肺健脾,治疗肺虚咳嗽,慢支病人有效果。

❺ 黄芪 | 性温,能补气固表、利尿托毒、排脓敛疮,治疗慢支引起的炎症有效果。

❻ 五味子 | 性温,能敛肺、滋肾、生津,对肺虚咳嗽及慢支病人有疗效。

❼ 玉竹 | 性平,能养阴润燥、除烦止渴,对慢支引起的咳嗽有疗效。

❽ 桔梗 | 性平,能开宣肺气、祛痰排脓,对慢支引起的炎症有治疗效果。

❾ 野菊花 | 性平,能疏风清热、解毒消肿,对抑制葡萄球菌的生长效果极佳。

❿ 黄芩 | 性寒,能清热泻肺,对肺热引起的咳吐腥臭脓痰的肺炎患者有较好疗效。

【对症方剂配伍速查】

❶【白果+麻黄+黄芩】能宣肺降气、祛痰平喘,对慢支引起的哮喘咳嗽有疗效。

❷【北沙参+麦冬+玉竹】能养肺阴、清燥热,治疗慢支引起的干咳少痰有疗效。

❸【黄芪+五味子+紫苑】能补肺气,治疗咳喘气短有疗效。

❹【川贝+麦冬+紫苑】能养阴润肺,对治疗慢支患者有一定疗效。

❺【桑白皮+杏仁+枇杷叶】泡茶饮用、泻肺平喘、止咳化痰,能治疗慢性支气管炎。

肺气肿

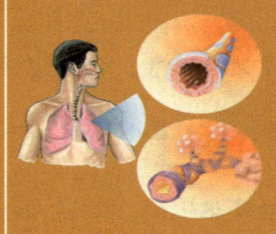

[病症陈述] 肺气肿是指终末细支气管远端的气道弹性减退,过度膨胀、充气和肺容积增大或同时伴有气道壁破坏的病理状态。早期症状不明显,加重时出现桶状胸,呼吸运动减弱等现象。

[病因分析] 按其发病原因肺气肿有如下几种类型:老年性肺气肿,代偿性肺气肿,间质性肺气肿,灶性肺气肿,旁间隔性肺气肿,阻塞性肺气肿。大气污染、过敏、遗传、营养不良等与肺气肿的发生有密切关系。

[饮食原则] 肺气肿病人应补充足够的蛋白质,如:瘦肉、鸡蛋、牛奶、大豆及豆制品。患者还要注意多吃含维生素和矿物质多的食物,以增强抵抗力。尽量选择易咀嚼的食物,如稀粥、蒸鱼、蔬菜汤等,多吃素菜、富含维生素的食物,特别是维生素A和维生素C。忌食豆类、甘蓝菜等易胀气的食物。忌食能耗损肺气的食物,如香蕉、冰激凌、凉菜、红薯、韭菜等。忌食辛辣刺激性食物,如辣椒、胡椒、白酒、羊肉、狗肉等。忌食腥臊类食物,如鲑鱼、黄鱼、虾、蟹等。

【对症食材推荐】

❶ 杏仁 性温,能祛痰止咳、平喘,对肺气肿引起的咳嗽哮喘有疗效。

❷ 核桃 性温,能温补肺肾、定哮喘,对肺气肿症状有缓解作用。

❸ 鸭肉  性凉,能滋阴养胃、清热解毒,治疗咳嗽、咽干等,对肺气肿有疗效。

❹ 枇杷 性平,能生津止渴、清肺止咳,对肺气肿症状有缓解作用。

❺ 梨 性寒,能止咳化痰、清热降火、润肺去燥,对肺气肿有一定治疗作用。

❻ 银耳 性平,能滋补生津、补气润肺,对肺气肿有一定治疗作用。

❼ 猪肺 性平,能补肺、止咳,对肺气肿的症状有一定缓解作用。

【对症食疗搭配速查】

❶【枇杷+梨】榨汁饮用,能润肺化痰,可辅助治疗肺气肿。

❷【鸭肉+核桃】炖汤食用,能清热解毒、化痰排脓,可治疗肺气肿。

❸【银耳+梨+杏仁】煮汤服用,有补肺益肾、止咳平喘的功效,可辅助治疗肺气肿。

❹【菜胆+杏仁+猪肺】炖汤服用,能益气补肺、平喘化痰,可治疗肺气肿。

【对症药材推荐】

❶ 款冬花  性温，能润肺下气、止咳化痰，对肺气肿症状有缓解作用。

❷ 陈皮 性温，能理气健脾、燥湿化痰，对肺气肿有一定辅助治疗作用。

❸ 川贝  性凉，能润肺散结、止嗽化痰，对肺气肿有治疗作用。

❹ 苏子 性温，能降气消痰、解表散寒、行气和胃、平喘，对肺气中有一定治疗作用。

❺ 五味子 性温，能敛肺、滋肾、生津，对肺气肿有辅助治疗作用。

❻ 人参  性平，能补脾益肺、大补元气，对肺气肿有辅助治疗作用。

❼ 莱菔子  性平，能消食除胀、降气化痰，对肺气肿哟辅助治疗作用。

❽ 桑白皮 性寒，能泻肺平喘、利尿消肿，可治疗肺气肿。

❾ 桔梗 性平，能开宣肺气、祛痰排脓，对治疗肺气肿有一定疗效。

❿ 白前 性微温，能泻肺降气、下痰止嗽，对肺气肿有辅助治疗作用。

⓫ 黄芪 性温，能补气固表、排脓敛疮，对肺气肿患者有一定治疗作用。

⓬ 瓜蒌 性寒，能清热涤痰、宽胸散结，对肺气肿有治疗作用。

⓭ 葶苈子 性寒，能泻肺平喘，治疗肺热型肺气肿有疗效。

【对症方剂配伍速查】

❶【桑白皮+麻黄+杏仁+葶苈子】能清泻肺热，治喘息、咳逆，对肺气肿症状有缓解作用。

❷【半夏+陈皮+茯苓】能燥湿化痰、理肺气之壅滞，对肺气肿患者有较好的治疗作用。

❸【苏子+莱菔子+白芥子】能降气化痰、止咳平喘，对治疗痰湿蕴肺型肺气肿有一定效果。

❹【白前+桔梗+荆芥】能止咳平喘，对肺气壅实、咳嗽痰多，对肺气肿有一定治疗作用。

❺【人参+黄芪+五味子】能补肺益气，治短气喘促，对肺气肿有治疗效果。

❻【瓜蒌+桑白皮+桔梗】能治清热泻肺，对肺气壅实、咳吐黄痰、舌苔黄厚的肺气肿患者有治疗作用。

肺结核

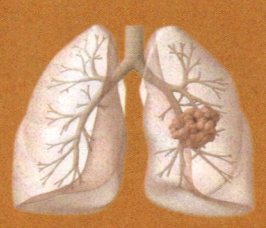

[病症陈述] 肺结核主要是由结核分枝杆菌引发，主要通过呼吸道传染的一种感染性疾病。严重威胁着人类健康，我国是世界上结核疫情较为严重的国家之一。

[病症分析] 肺结核患者无特异性的临床表现，有些患者甚至没有任何症状，仅在体检时才被发现，大多数患者常有午后低热等结核中毒的症状，也会伴有咳嗽、咳白色黏痰、咯血、胸痛、呼吸困难等症状。

[饮食原则] 患者宜选用有抗结核杆菌作用的中药食材，如百部、远志、苍术、白及、北豆根、淫羊藿、夏枯草、积雪草等；宜选用有增强肺功能作用的中药材和食材，如猪肺、茯苓、人参、银耳、灵芝、党参、白果等。忌烟酒。忌食辛辣香燥、伤阴耗气、温补发物食品，如胡椒、辣椒、花椒、桂皮、狗肉、鹅肉、公鸡、黄鱼、鲈鱼、带鱼、羊肉等。

【对症食材推荐】

❶ 银耳 性平，能滋补生津、补气润肺，对肺结核有一定的疗效。

❷ 木耳 性寒，能清热解毒、活血凉血，能辅助治疗肺结核。

❸ 香菇 性平，能化痰理气、解毒，对肺结核有一定的疗效。

❹ 雪梨 性寒，能止咳化痰、润肺去燥、清热降火，对肺结核有治疗作用。

❺ 猪肺 性平，能补肺、止咳、止血，对肺结核有一定的治疗作用。

❻ 老鸭  性凉，能滋阴养胃、清热解毒，能辅助治疗肺结核。

❼ 柿子 性寒，能润肺、涩肠、止血，能辅助治疗肺结核。

❽ 蜂蜜 性平，能补虚、润燥、解毒，治肺燥咳嗽，对肺结核有辅助治疗作用。

❾ 竹笋 性微寒，能清热化痰、益气和胃、治消渴、利水道，对肺结核有一定疗效。

❿ 枇杷 性平，能生津止渴、清肺止咳，对肺结核的症状有缓解作用。

⓫ 甘蔗 性凉，能清热、生津、下气、润燥，治肺燥咳嗽，对肺结核有辅助治疗作用。

⓬ 柚子 性寒，能化痰、健脾、生津止渴，对肺结核症状有一定的缓解作用。

【对症食疗搭配速查】

❶【沙参+猪肺】炖汤服用，能滋阴润燥、润肺止咳，治咳嗽咯血，对肺结核有一定疗效。

❷【冬瓜+白果+大米】熬粥服用，能敛肺止咳、化痰利水，对肺结核有治疗作用。

❸【鸡蛋+银耳+豆浆】蒸煮服用，能润肺止咳，治干咳、咯血及肺结核。

❹【雪梨+枇杷+柚子】榨汁饮用，能清热润肺、止咳化痰，缓解肺阴亏虚引起的干咳、咯血症状。

【对症药材推荐】

❶黄精	性平，能补气润肺，治肺燥咳嗽，对肺结核有一定的疗效。
❷北沙参	性凉，能养阴清肺、祛痰止咳，对肺结核有治疗效果。
❸五味子	性温，能敛肺生津，治虚寒咳嗽，对肺结核有一定的辅助疗效。
❹麦冬	性微寒，能养阴生津、润肺清心，对肺结核有一定的治疗作用。
❺百合	性平，能润肺止咳、清心安神，治肺热久嗽、咯血，对治疗肺结核有佳效。
❻玉竹	性平，能养阴润燥、除烦止渴，治燥咳、痨嗽，对治疗肺结核有一定疗效。
❼川贝	性凉，能镇咳、化痰、镇痛，对治疗痰热咳喘、痨嗽及肺结核有显著效果。
❽蛤蚧	性平，能补肺益肾、定喘止咳，对治疗肺结核有一定疗效。
❾冬虫夏草	性凉，能镇咳、化痰、镇痛，对治疗痰热咳喘、痨嗽及肺结核有显著效果。
❿百部	百部具有抗痨杀虫的作用，是治疗肺结核的常用药，可抑制结核杆菌。

【对症方剂配伍速查】

❶【黄精+沙参】能滋肾阴、润肺燥，治阴虚肺燥咳嗽，对肺结核有一定治疗作用。

❷【天冬+麦冬】能清燥救肺，治肺阴虚咯血，对治疗肺结核有疗效。

❸【川贝+玉竹+百合】能清燥救肺、止咳化痰，治肺阴虚咯血，对治疗肺结核有疗效。

❹【五味子+蛤蚧+麦冬】能补气滋阴、敛肺止咳，治疗久咳不愈、咯血的气阴两虚型肺结核患者。

哮喘

[病症陈述] 哮喘是一种慢性支气管疾病，由气道变窄所致。发作前或有鼻痒、咽痒、打喷嚏、流涕、咳嗽、胸闷等先兆症状。发作时病人突感胸闷窒息，咳嗽，迅即气促，呼吸困难等。

[病因分析] 哮喘的发病因素主要包括遗传因素和环境因素两个方面，其中遗传因素是指大多数患者的亲人中有哮喘或过敏性皮炎、特应性皮炎等过敏性疾病的病史。而哮喘患者多属于过敏体质，对螨虫、花粉、宠物、霉菌、坚果、牛奶等，还有某些药物过敏。

[饮食原则] 哮喘患者宜选用有松弛气道平滑肌作用的中药材和食材，如麻黄、当归、陈皮、佛手、香附、木香、天南星、紫菀、青皮、茶叶等；宜选择有抗过敏反应作用的中药材和食材，如黄芩、防风、人参、西洋参、红枣、五味子、田七、芝麻等。忌食辛辣、助火生痰食物，如辣椒、韭菜、大葱、蒜等。忌食含酒精、碳酸饮料及冷饮，这些都能促进心跳加快，导致肺呼吸功能降低，产生致命危险。

【对症食材推荐】

❶ 老鸭  性凉，能滋阴养胃、清热解毒，治疗咳嗽、咽干等，对哮喘有辅助治疗效果。

❷ 猪肺 性平，能补肺、止咳，对治疗哮喘有食疗效果。

❸ 核桃 性温，能温补肺肾、定哮喘，对治疗哮喘有疗效。

❹ 杏仁 性温，能祛痰止咳、平喘，对治疗哮喘效果佳。

【对症食疗搭配速查】

【老鸭+猪肺+核桃+杏仁】 炖汤服用，能泻肺平喘、益气补虚，对肺肾两虚的哮喘病人有食疗效果。

【对症药材推荐】

❶ 麻黄 性温，能发汗解表、利水平喘，对咳嗽气喘有疗效。

❷ 半夏 性温，能燥湿化痰、消痞散结，对咳嗽痰多，哮喘有疗效。

❸ 射干 性寒，能降火解毒、散血消痰，治疗痰涎壅盛导致哮喘、风热咳嗽等有显著效果。

【对症方剂配伍速查】

【麻黄+半夏+射干】 能泻肺平喘，化痰，治疗肺气壅遏的咳嗽效果佳。

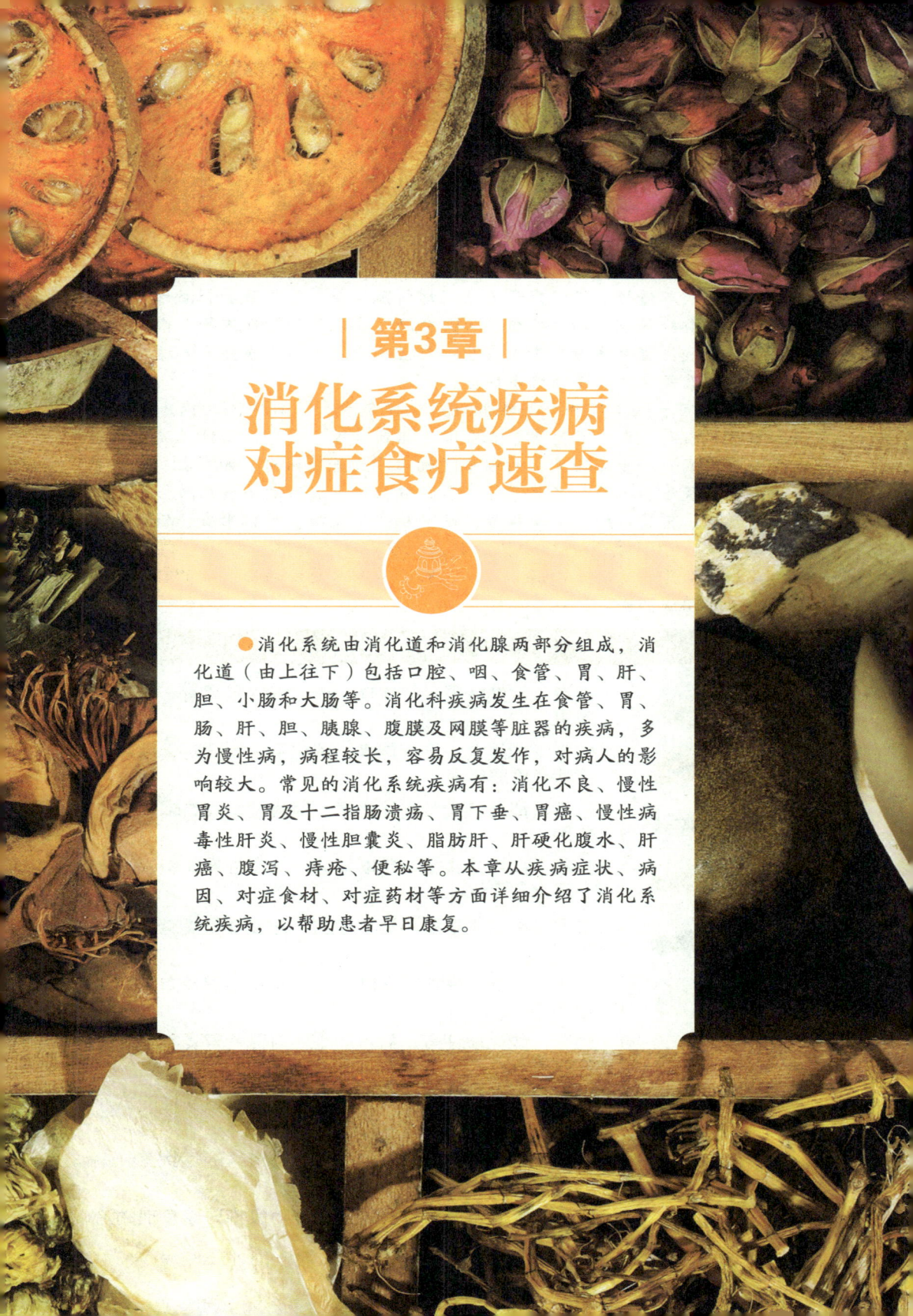

第3章
消化系统疾病对症食疗速查

● 消化系统由消化道和消化腺两部分组成，消化道（由上往下）包括口腔、咽、食管、胃、肝、胆、小肠和大肠等。消化科疾病发生在食管、胃、肠、肝、胆、胰腺、腹膜及网膜等脏器的疾病，多为慢性病，病程较长，容易反复发作，对病人的影响较大。常见的消化系统疾病有：消化不良、慢性胃炎、胃及十二指肠溃疡、胃下垂、胃癌、慢性病毒性肝炎、慢性胆囊炎、脂肪肝、肝硬化腹水、肝癌、腹泻、痔疮、便秘等。本章从疾病症状、病因、对症食材、对症药材等方面详细介绍了消化系统疾病，以帮助患者早日康复。

慢性胃炎

[病症陈述] 慢性胃炎是指由各种原因引起的胃黏膜炎症。主要表现为中上腹疼痛，多为隐痛，常为饭后痛，进冷食、硬食、辛辣或其他刺激性食物引起症状或使症状加重。

[病因分析] 引起慢性胃炎的因素为幽门螺杆菌感染、经常进食刺激性食物或药物引起胃黏膜损伤、高盐饮食、胃酸分泌过少以及胆汁反流等。由幽门螺杆菌引起的慢性胃炎多数患者无症状；有症状者表现为上腹痛或不适、上腹胀、早饱、嗳气、恶心等消化不良症状。

[饮食原则] 可食用具有保护胃黏膜功效的中药食材，如酸奶、南瓜、蒲公英、黄芪、白芍、白术、丹参、五灵脂、车前草等。另外，胆汁反流也是造成慢性胃炎的一个重要因素，所以吃些抗胆汁反流的药材，如枳实、姜、半夏、厚朴、茯苓、人参、炙甘草等。胃酸分泌过少者可适当食用酸性食物，如醋、米酒、橘子、橙子、乌梅等。忌食难消化食物，如糯米类、板栗、土豆、油炸类、烧烤类等。忌食辛辣刺激性食物，如辣椒、胡椒、洋葱、芥末、花椒、茴香、大蒜等。脾胃虚寒、脘腹冷痛者忌食性凉生冷的食物，如冰激凌、冰镇饮品等。

【对症食材推荐】

❶ 猪肚 性温，能健脾胃、补虚损，治疗慢性胃炎有一定食疗效果。

❷ 木瓜 性平，能消食，治疗胃痛、消化不良等，对慢性胃炎症状有缓解作用。

❸ 鲫鱼  性平，能益气健脾、补体虚，对慢性胃炎有辅助治疗作用。

❹ 白萝卜 性凉，能增强食欲、帮助消化，对慢性胃炎引起的食少有一定疗效。

❺ 木耳  性寒，能清热解毒、活血凉血，对慢性胃炎有辅助治疗作用。

❻ 银耳 性平，能滋补生津、润肺养胃，对慢性胃炎有一定治疗作用。

❼ 香菇 性平，能化痰理气、益胃和中，对慢性胃炎有一定食疗效果。

❽ 金针菇 性凉，能补肝、益肠胃，治疗胃肠炎症有较好的食疗效果。

❾ 小米  性凉，能健脾和胃、安眠，对慢性胃炎的症状有一定的缓解作用。

❿ 玉米 性平，能开胃益智、调理中气，对慢性胃炎有辅助治疗作用。

【对症食疗搭配速查】

❶【猪肚+韭菜子】蒸煮服用,能温中行气、健脾和胃,对胃炎有一定食疗作用。

❷【鳝鱼+党参+佛手+半夏】炖汤服用,能温中健脾、行气止痛,对胃寒胃炎有食疗效果。

❸【酸奶+木瓜】调汁饮用,能保护胃黏膜、开胃,对慢性胃炎有食疗效果。

❹【猪肚+白术+白果】炖汤服用,能补气健脾、化湿止泻,对慢性胃炎有一定食疗效果。

【对症药材推荐】

❶ 木香 | 性温,能行气止痛、健脾消食,对慢性胃炎有辅助治疗效果。

❷ 陈皮 | 性温,能理气健脾、调中,对慢性胃炎有辅助治疗作用。

❸ 白芍 | 性凉,能养血柔肝、缓中止痛,对慢性胃炎有一定治疗效果。

❹ 柴胡 | 性微寒,能和解表里、疏肝、升阳、抗病毒,对慢性胃炎有辅助治疗作用。

❺ 麦冬 | 性微寒,能养阴生津,对治疗慢性胃炎有辅助疗效。

❻ 生地 | 性微寒,能清热凉血、养阴生津,对慢性胃炎有一定治疗效果。

❼ 甘草 | 性平,能补脾益气、清热解毒、缓急止痛,对慢性胃炎有辅助治疗作用。

❽ 砂仁 | 性温,能行气调中、和胃醒脾,对慢性胃炎的症状有缓解作用。

❾ 吴茱萸 | 性温,能温中止痛、理气燥湿,对慢性胃炎有一定辅助疗效。

❿ 香附  | 性温,能疏肝理气、活血止痛,对慢性胃炎有一定辅助疗效。

【对症方剂配伍速查】

❶【木香+陈皮+白术】能治脾虚气滞、脘腹胀痛、呕逆,对慢性胃炎有一定辅助疗效。

❷【砂仁+佛手+陈皮+木香】能行气导滞、调和脾胃,对慢性胃炎有一定治疗作用。

❸【麦冬+玉竹+沙参】能益胃生津,对慢性胃炎有一定治疗效果。

❹【甘草+白芍】能缓急止痛,对慢性胃炎的症状有缓解作用。

❺【吴茱萸+香附】能温胃散寒、行气止痛,对虚寒型慢性胃炎引起的疼痛有缓解作用。

胃及十二指肠溃疡

[病症陈述] 胃及十二指肠溃疡是极为常见的疾病。局部表现为局限性或椭圆性的缺损。临床特点表现为慢性、周期性、节律性的上腹剑突下偏左或偏右处疼痛。

[病因分析] 幽门螺杆菌感染是引起胃及十二指肠溃疡最主要的病因,此病的发生还与人们的饮食起居习惯有很大的关系,如不良的饮食习惯、精神紧张或忧虑、脑力劳动过多等。

[饮食原则] 宜吃能抑制幽门螺杆菌的药食材,如黄连、甘草、黄柏、西兰花、西红柿、花菜等。宜吃抑制胃酸分泌的中药食材,如延胡索、蒲公英、白头翁、青黛、黄连、栀子、陈皮、白及、食用碱等。忌食辛辣刺激、油煎、生冷的食物,如酒、咖啡、酸泡菜、浓醋、辣椒、胡椒、浓茶、老竹笋、白菜、芥菜、芹菜、韭菜等。

【对症食材推荐】

❶ 猪肚 性温,能补虚损、健脾胃,对胃溃疡有辅助治疗的效果。

❷ 牡蛎 性凉,能敛阴、止汗固精,治疗胃痛吞酸,对胃及十二指肠溃疡症状有缓解作用。

❸ 甲鱼 性平,能益气补虚、滋肾健体、制酸,对胃酸分泌过多引起的消化性溃疡有疗效。

❹ 木瓜 性平,能消食,治疗胃痛,对溃疡的症状有缓解的作用。

❺ 银耳 性平,能滋补生津、润肺养胃,对溃疡有一定的治疗效果。

❻ 荞麦 性寒,能健胃、消积,对溃疡有辅助治疗作用。

❼ 白萝卜 性凉,能增强食欲、帮助消化,对消化道溃疡有辅助治疗作用。

❽ 薏米 性凉,能健脾、清热利湿,对溃疡有辅助治疗作用。

❾ 苏打饼 性平,能中和过多的胃酸,对消化道溃疡的症状有缓解的作用。

❿ 小米  性凉,能健脾和胃、止呕,对溃疡的治疗有辅助的作用。

⓫ 山药 性平,能补脾养胃、生津益肺,对溃疡有一定的治疗效果。

⓬ 大麦 性凉,能和胃、宽肠、利水,对溃疡有一定的治疗作用。

【对症食疗搭配速查】

❶【佛手+元胡+猪肝+甘草】炖汤服用,能行气止痛、疏肝和胃,对肝气犯胃引起的溃疡有一定治疗作用。

❷【黄连+甘草】熬汁服用,能清热燥湿、杀菌消炎,对胃热型溃疡有显著疗效。

❸【乌鸡+田七+郁金】炖汤服用,能行气解郁、理气止痛,对血瘀型溃疡有一定治疗效果。

❹【红茶+蜂蜜+红糖】泡茶饮用,能养胃益气、生津止渴,对溃疡有辅助治疗作用。

【对症药材推荐】

❶ 香附 | 性平,能理气解郁、调经止痛,对溃疡有一定治疗效果。

❷ 柴胡 | 性微寒,能和解表里、疏肝,对溃疡有一定治疗作用。

❸ 金银花 | 性寒,能清热解毒,对溃疡有辅助治疗作用。

❹ 木香 | 性温,能行气止痛,健脾消食,对溃疡有治疗作用。

❺ 莪术 | 性温,能破血行气、消积止痛,对溃疡有一定治疗作用。

❻ 海螵蛸 | 性微温,能收敛止血、敛疮,对溃疡有治疗的作用。

❼ 白鲜皮 | 性寒,能清热解毒,治风热疮毒等,对溃疡有辅助治疗效果。

❽ 蒲公英 | 性寒,能清热解毒、利尿散结、杀菌,对溃疡有治疗的作用。

❾ 芡实 | 性平,能固肾涩精、补脾止泻,对溃疡有辅助治疗效果。

❿ 鸡内金 | 性平,能消积食,对食后腹胀、胃脘疼痛的消化性溃疡患者有显著疗效。

⓫ 谷芽 | 性微温,能疏肝醒脾、消食、和中、下气,辅助治疗消化性溃疡。

【对症方剂配伍速查】

❶【陈皮+木香+党参+白术】能治脾虚气滞,脘腹胀满,对溃疡有一定的疗效。

❷【金银花+蒲公英+紫花地丁】能清泄热毒,消痈散结,治热毒疮疡,对溃疡有一定疗效。

❸【海螵蛸+浙贝母】能制酸止痛,对溃疡的症状有缓解的作用。

胃下垂

[病症陈述] 胃下垂是指站立时胃下缘达盆腔，胃小湾弧线最低点降至髂嵴连线以下，是一种功能性疾病。临床表现为上腹部有胀满感、沉重感、压迫感，腹部持续性隐痛。

[病因分析] 胃下垂常因为患者长期的过度劳累以及强烈的神经刺激和情绪波动等引发，也可以由慢性胃炎、腹部肿瘤切除术、体重突然减轻、长期咳嗽等引起。

[饮食原则] 胃下垂患者大多脾胃气虚，无力升举内脏，造成内脏下垂，所以治疗胃下垂的根本方法是补中益气，提升内脏，可以食用升麻、人参、党参、白术、山药、柴胡、猪肚、牛肚、土鸡、乌鸡等。促进胃肠食物消化，减轻腹胀也是缓解胃下垂的一个重要治疗方法，可以食用山楂、神曲、麦芽、鸡内金、苹果、南瓜等。忌食煎炸、生冷食物，如炸鸡、薯条、凉拌菜、冷饮等。忌食辛辣、刺激性强的食物，入辣椒、胡椒、咖喱、芥末、桂皮、生姜、大蒜、白酒、咖啡、浓茶、大葱等。

【对症食材推荐】

❶ 猪肚 性微温，能补虚损、健脾胃，对胃下垂有一定食疗效果。

❷ 土鸡  性温，能温中益气、补精填髓、益五脏，对胃下垂有食疗的作用。

❸ 老鸭 性寒，能养胃滋阴、大补虚劳，对胃下垂有一定治疗作用。

❹ 牛肉 性平，能补脾胃、益气血、强筋骨，对胃下垂有较佳的食疗效果。

❺ 韭菜 性温，能益脾健胃、行气理血，对胃下垂有一定食疗作用。

❻ 芡实 性平，能固肾涩精、补脾止泄，对胃下垂有一定辅助疗效。

❼ 莲子 性平，能清心醒脾、健脾补胃，对胃下垂有辅助疗效。

【对症食疗搭配速查】

❶【牛肚+黄芪+升麻+神曲】炖汤服用，能升阳举陷，对胃下垂患者有显著的疗效。

❷【山楂+瘦肉+陈皮+枳壳】炖汤服用，能健脾和中、消食化积，能缓解胃下垂的症状。

❸【韭菜+生姜+牛奶】煮沸饮用，能益气健脾、升提内脏，对胃下垂患者有食疗效果。

❹【大米+人参+红枣+茯苓】熬粥服用，能益脾和胃、益气补虚，对胃下垂有佳效。

【对症药材推荐】

❶ 人参 性平，能大补元气、复脉固脱、补脾益肺，对胃下垂有显著疗效。

❷ 党参 性平，能补中益气、健脾益肺，对胃下垂有显著疗效。

❸ 柴胡 性微寒，能和解表里、疏肝、升阳，对胃下垂有一定疗效。

❹ 白术 性温，能健脾益气，对胃下垂患者有一定治疗效果。

❺ 黄芪 性温，能补气固表、利尿脱毒，对胃下垂有显著疗效。

❻ 升麻 性凉，能发表解毒、升阳，对胃下垂有治疗效果。

❼ 枳实 性寒，能治疗胃肠食积，帮助消化，对胃下垂的症状有缓解作用。

❽ 鸡内金 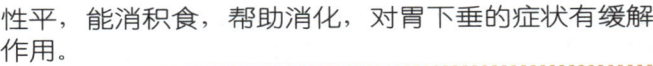 性平，能消积食，帮助消化，对胃下垂的症状有缓解作用。

❾ 山楂 性微温，能消食化积，帮助消化，对胃下垂的症状有缓解作用。

❿ 麦芽 性微温，能疏肝醒脾、消食、和中下气，减轻胃肠负担，对胃下垂患者有益。

⓫ 白扁豆 性微温，能健脾化湿，治疗脾胃虚弱及食欲不振，对胃下垂患者有益。

⓬ 太子参 性平，能补肺健脾，治疗脾虚体弱，对胃下垂患者有益。

⓭ 神曲 性温，能健脾和胃、消食调中，减轻胃肠负担，对胃下垂患者有益。

【对症方剂配伍速查】

❶【人参+白术+茯苓+甘草】能补脾调中，是常用的补气方剂，对胃下垂有治疗作用。

❷【人参+黄芪+枳实】能补中益气、升阳举陷，对胃下垂有显著疗效。

❸【神曲+鸡内金+山楂】能消积化食，帮助消化，可减少胃的负担，对胃下垂有缓解作用。

❹【白扁豆+太子参】煎水服用，可益气健脾、化湿，治疗脾胃虚弱，对胃下垂患者有一定疗效。

❺【黄芪+升麻+神曲】煎水服用，能升阳举陷，对胃下垂患者有显著的疗效。

❻【柴胡+白术+鸡内金】炖汤服用，能疏肝健脾、消食化积，对胃下垂患者有显著地疗效。

胃癌

[病症陈述] 胃癌是常见的恶性肿瘤,也是最常见的消化道恶性肿瘤。早期胃癌无明显症状,随着病情的发展,可逐渐出现类同于胃炎或胃溃疡的症状。中晚期胃癌可见胃区咬齿性疼痛。

[病因分析] 长期酗酒、吸烟,饮食不规律、经常吃高盐、热烫食品、喜欢吃亚硝酸盐含量较高的腌熏制品、隔夜菜等,还有长期的压抑、孤独、抑郁,都有可能引发胃癌。胃癌的高发人群包括:胃息肉直径>2cm者;患有慢性萎缩性胃炎者;胃部分切除者;有胃癌或食管癌家族史者;长期酗酒、吸烟者;饮食习惯不良者:如喜高盐食品、热烫食品,喜食致癌物质亚硝酸盐含量高的腌制、熏制品等;长期暴露于硫酸尘雾、铅、除草剂及金属行业者,胃癌患病率升高。

[饮食原则] 胃癌患者宜选择具有抑制致癌物亚硝胺形成、抑制幽门螺杆菌作用的中药食材,具有这些作用的常见的中药食材有:大白菜、西兰花、卷心菜、夏枯草、白鲜皮、卷心菜、洋葱、山豆根、黄连、白芍、黄芪、桂枝、大黄等。忌吃辛辣刺激性食物,如葱、蒜、姜、辣椒等。忌吃霉变、污染、坚硬、粗糙、多纤维、油腻、黏滞不易消化的食物,如压缩饼干、糙米、糯米等。忌吃煎、炸、烟熏、腌渍、生拌的食物,如腊肉、烤鸭、酸菜、炸鸡等。

【对症食材推荐】

❶ **甲鱼** 性平,能益气补虚、净血散结,对胃癌的症状有缓解作用。

❷ **海参** 性平,能补元气、滋养五脏六腑、防癌抗癌,对胃癌的症状有缓解作用。

❸ **香菇** 性平,能化痰理气、益胃和中、抗癌,对胃癌患者有益。

❹ **木耳** 性寒,能清热解毒、益胃滑肠、凉血抗癌,对胃癌的症状有所缓解的作用。

❺ **胡萝卜** 性平,能清热解毒、健脾和胃、防癌抗癌,对胃癌的症状有缓解的作用。

❻ **花菜** 性凉,能润肺、止咳、抗癌、滑肠,对胃癌患者有益。

❼ **木瓜** 性平,能消食,治胃痛、消化不良,对胃癌的症状有缓解的疗效。

❽ **薏米** 性凉,能清热补肺、健脾利湿,对胃癌的症状有缓解的作用。

❾ **大白菜** 性平,能抑制致癌物的形成,对胃癌患者有益。

❿ **西蓝花** 性凉,能润肺、止咳、抗癌,对胃癌患者有一定食疗效果。

【对症食疗搭配速查】

❶【鲷鱼+冬瓜+黄连+白鲜皮】炖汤服用,能泻火排毒、敛疮生肌,对胃癌患者有益。

❷【花菜+土豆+瘦肉+山楂】炖汤服用,能健胃消食、防癌抗癌,对胃癌患者有益。

❸【佛手+娃娃菜+甜椒】做菜使用,能开胃消食、防癌抗癌,对胃癌患者有益。

❹【草菇+香菇+西兰花+胡萝卜】做菜使用,能生津养胃、防癌抗癌,对胃癌患者有益。

【对症药材推荐】

❶ 山豆根		性寒,能清热解毒、利咽消肿、抗癌,对胃癌患者有益。
❷ 黄连		性寒,能泻火燥湿、解毒,治痈疽疮毒,对胃癌患者有益。
❸ 黄芪		性温,能补气固表、排毒敛疮,对胃癌患者有益。
❹ 白芍		性凉,能养血柔肝、缓中止痛,对胃癌患者有益。
❺ 桂枝		性温,能发汗解肌、助阳化气、平冲降气,对胃癌患者有益。
❻ 大黄		性寒,能攻积滞、清湿热、凉血化瘀、解毒,对胃癌患者有益。
❼ 山药		性平,能补脾养胃、生津益肺,对胃癌患者有益。
❽ 白花蛇舌草		性寒,能清热解毒、消痈、利尿通淋,对胃癌患者有益。
❾ 龙葵		性寒,能清热解毒、散结利尿。对胃癌患者有益。
❿ 鸡内金		性平,能消积食,除腹胀,对做了胃大部分切除术的胃癌患者食疗作用,可减轻胃肠负担。
⓫ 神曲		性温,能健脾和胃、消食调中,减轻胃肠负担,对胃癌患者有益。

【对症方剂配伍速查】

❶【山豆根+黄连+生石膏+升麻】水煎服,能清胃热、解毒,对胃癌患者有益。

❷【白芍+当归+白术+柴胡】水煎服,治胃癌所致肝气郁结、胁肋疼痛,对胃癌患者有益。

❸【白术+人参+干姜+炙甘草】水煎服,能健运脾胃、和中益气,对胃癌患者有益。

❹【鸡内金+神曲+山药】水煎服,能健运脾胃、消食化积,对胃癌患者有益。

脂肪肝

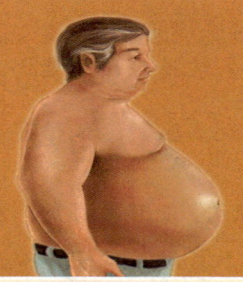

[病症陈述] 脂肪肝是指各种原因引起的肝细胞内的脂肪堆积过多的病变。轻度脂肪肝多无症状,而中重度脂肪肝多表现出体重减轻、食欲不振、疲倦乏力、恶心、呕吐、肝区或右上腹隐痛等。

[病因分析] 病因主要为:长期饮酒;长期摄入高脂饮食或长期大量吃糖、淀粉等碳水化合物,使肝脏脂肪合成过多;肥胖,缺乏运动;糖尿病;慢性肝炎等。

[饮食原则] 脂肪肝患者应该限制脂肪和碳水化合物的摄入,多吃高蛋白的食物,如豆腐、腐竹、瘦肉、鱼、虾等。另外,脂肪的堆积是引起脂肪肝的主要原因,所以,可多吃具有防止脂肪堆积功能的中药食材,如泽泻、冬瓜、决明子、黄精、何首乌、丹参、郁金、黄瓜、芝麻、油菜、菠菜、干贝、淡菜等。忌食辛辣、刺激性强的食物,如葱、姜、蒜、辣椒、芥末等。忌食肥厚油腻、胆固醇含量高的食物,如肥肉、动物内脏、巧克力、奶油等。

【对症食材推荐】

❶ 黄瓜  性凉,能除湿、利尿、降脂,对脂肪肝有很好的食疗效果。

❷ 玉米 性平,能降低血脂,对脂肪肝有好的食疗效果。

❸ 绿豆 性凉,能降压降脂、保肝、利水消肿,对脂肪肝有食疗效果。

❹ 冬瓜 性凉,能清热解毒、利水消肿,退黄,对脂肪肝患者有益。

❺ 西瓜 性寒,能清热解暑、降压、利水消肿、退黄,对脂肪肝患者有益。

❻ 竹笋 性微寒,能清热、利水道、助消化,对脂肪肝患者有益。

❼ 海带 性寒,能清热降压、利水,对脂肪肝患者有益。

❽ 豆芽 性凉,能清热明目、消肿、降低胆固醇,对脂肪肝患者有食疗效果。

❾ 芹菜  性凉,能清热除烦、平肝、利水消肿、退黄,对脂肪肝有食疗效果。

❿ 豆腐 性凉,能益气宽中,蛋白含量高,对脂肪肝患者有益。

⓫ 魔芋 魔芋是减肥佳品,其富含多种微量元素和膳食纤维,且食后容易产生饱腹感,是脂肪肝患者的佳品

⓬ 木耳  性凉,能益气宽中,降低血脂,对脂肪肝患者有益。

【对症食疗搭配速查】

❶【泽泻+枸杞+大米】熬粥服用，能利水、降脂，对脂肪肝有较好的食疗效果。

❷【芹菜+豆腐】熬汤服用，能清热除烦、平肝、利水消肿、退黄，对脂肪肝患者有益。

❸【竹笋+豆芽】炒菜食用，能清肝明目、利水消肿，对脂肪肝患者有益。

【对症药材推荐】

❶ 泽泻 | 性寒，能利水渗湿、泄热，对脂肪肝有一定的疗效。

❷ 玉米须 | 性平，能利水通淋、降压、平肝，对脂肪肝有一定的疗效。

❸ 茯苓 | 性平，能利水渗湿、降压、退黄，对脂肪肝有一定的疗效。

❹ 枸杞 | 性平，能滋肾补肝，对脂肪肝有辅助治疗效果。

❺ 柴胡 | 性微寒，能和解表里、疏肝升阳，对脂肪肝有一定疗效。

❻ 山楂 | 性温，能消食化积、助消化，对脂肪肝有一定疗效。

❼ 车前子 | 性寒，能清热利水、明目、退黄，对脂肪肝有疗效。

❽ 猪苓 | 性平，能利尿渗湿，对脂肪肝引起的水肿有一定疗效。

❾ 川芎 | 性温，能行气开郁、活血止痛，对脂肪肝患者有一定疗效。

❿ 香附 | 性平，能理气解郁，主治肝郁气滞，对脂肪肝患者有益。

⓫ 益母草 | 性凉，能活血化瘀、利水，对脂肪肝患者有一定治疗效果。

【对症方剂配伍速查】

❶【泽泻+茯苓+猪苓+白术】水煎服，能利水渗湿，对脂肪肝有疗效。

❷【菊花+车前子+决明子+夏枯草】水煎服，能清肝明目，治目暗昏花，对脂肪肝有疗效。

❸【香附+川芎+柴胡】水煎服，能疏肝解郁，治肝郁气滞、胸胁疼痛，对脂肪肝有益。

❹【山楂+当归+川芎+益母草】水煎服，治气滞血瘀、胸胁疼痛，对脂肪肝患者有益。

肝硬化腹水

[病症陈述] 肝硬化是指由多种有害因素长期反复作用于肝脏，导致肝组织弥漫性纤维化，以假小叶生成和再生结节生成为特征的慢性肝病。肝硬化腹水是肝硬化的晚期表现。

[症状分析] 引起肝硬化的病因有很多，最主要的是由慢性乙型肝炎所致，长期酗酒、营养障碍等，也是引起肝硬化的重要因素。腹水出现前患者常有腹胀感，当大量腹水形成时，腹胀加重，可自行观察到腹部逐渐膨隆，腹壁绷紧发亮，腹部筋脉怒张，腹部状如蛙腹，增大的腹腔甚至影响患者生活起居，行走困难，大量腹水可抬高膈肌，使胸腔容积减少，肺部受压而导致呼吸频困难、憋气。典型体征为移动性浊音阳性，大量腹水时全腹叩击呈浊音。

[饮食原则] 肝硬化患者应当选择具有益气健脾、利湿、养阴活血、散结，能改善肝功能，消除肝硬化症状的中药食材，如猪苓、甲鱼、灵芝、黄芪、西洋参、大枣、青菜、香菇、青鱼、泥鳅、鲤鱼、蜂蜜等。忌食含钠的食物及可能加重肝负担的食物，如咸菜、酱菜、挂面等。忌食易发生氨中毒和肝昏迷的食物，如松花蛋、牛肉、虾、海参、乌鸡、羊肝等。忌食富含粗纤维、引起消化道出血的食物，如蒜苗、竹笋、豆芽、雪里蕻等。

【对症食材推荐】

❶ 鲫鱼		性平，能益气健脾、补血、利水消肿，对肝硬化有食疗的效果。
❷ 鲤鱼		性平，能健胃、滋补、利水渗湿，对肝硬化有食疗效果。
❸ 薏米		性凉，能健脾、清热利湿、消肿，对肝硬化有食疗效果。
❹ 田螺		性寒，能清热明目、利尿通淋，对肝硬化有一定食疗效果。
❺ 鳝鱼		性温，能补气养血、祛风湿，改善血液循环，对肝硬化有食疗效果。
❻ 甲鱼		性平，能益气补虚、净血散结，对肝硬化有较佳的食疗效果。
❼ 墨鱼		性温，能补益精气、养血滋阴、促进循环，对肝硬化有疗效。
❽ 玉米		性平，能开胃益智、宁心活血，能降低血脂，对肝硬化患者有益。
❾ 冬瓜		性凉，能清热、利水，对肝硬化有辅助食疗效果。
❿ 赤小豆	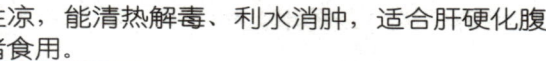	性凉，能清热解毒、利水消肿，适合肝硬化腹水的患者食用。

【对症食疗搭配速查】

❶【泥鳅+泥鳅+玉米】炖汤服用，能清热祛湿、健脾利水，可辅助治疗肝硬化。

❷【甲鱼+薏米】炖汤服用，能滋阴养血、软坚散结，对肝硬化有食疗效果。

❸【鲫鱼+冬瓜】炖汤服用，能清热利水、益气健脾，对肝硬化患者有益。

【对症药材推荐】

❶ 茯苓 | 性平，能健脾补中、利水渗湿，对肝硬化有疗效。

❷ 白术 | 性温，能健脾益气、燥湿利水，对肝硬化有一定治疗效果。

❸ 猪苓 | 性平，能利尿渗湿、消肿，对肝硬化有辅助疗效。

❹ 泽泻 | 性寒，能利水渗湿、泻热，对肝硬化有一定治疗效果。

❺ 黄芪 | 性温，能补气固表、利尿脱毒，对肝硬化患者有益。

❻ 当归 | 性温，能补血活血、润燥滑肠，对肝硬化患者有益。

❼ 车前子 | 性寒，能清热利水、退黄、明目，对肝硬化患者有疗效。

❽ 玉米须 | 性平，能利水通淋、平肝利胆，对肝硬化患者有疗效。

❾ 冬瓜皮 | 性凉，能利尿消肿，对肝硬化患者有一定疗效。

❿ 垂盆草 | 性凉，能清热利湿、解毒、退黄，对治疗癌症有效。

⓫ 桂枝 | 性温，能温阳、化气、利水，对肝硬化腹水患者有较好的疗效。

【对症方剂配伍速查】

❶【茯苓+人参+白术+甘草】水煎服，能治脾胃虚弱、体倦乏力，对肝硬化患者有疗效。

❷【玉米须+金钱草+茵陈+栀子】水煎服，能利胆退黄，对面黄、身黄、小便黄的肝硬化腹水患者有益。

❸【茯苓+冬瓜皮+猪苓+泽泻】水煎服，能利水消肿，可治疗肝硬化腹水。

❹【当归+黄芪+垂盆草】水煎服，能益气补血、利水消肿，对肝硬化患者有一定疗效。

腹泻

[病症陈述] 腹泻是指排便次数明显超过平日习惯的频率，粪质稀薄，水分增加或含未消化食物或脓血、黏液，或泻下如水样，常伴有排便急迫感、肛门不适、失禁等症状。

[病因分析] 腹泻不是一种独立的疾病，而是很多疾病的一个共同表现，它同时可伴有呕吐、发热、腹痛、腹胀、黏液便、血便等症状。正常成年人每天排便1次，成形、色呈褐黄色、外附少量黏液，也有些正常人每日排成形便两三次，只要大便成形，仍属正常生理范围。腹泻分急性和慢性两类，急性腹泻发病急剧，病程在2～3周之内。慢性腹泻指病程在两个月以上或间歇期在2～4周内的复发性腹泻。病因可分为：季节因素、消化不良、食物中毒、肠道疾病等。

[饮食原则] 腹泻的患者应多喝温水，吃流质食物，比如浓米汤、稀藕粉、杏仁霜、去油肉汤、淡茶、过滤后的果汁等。期间营养要补充充分。应少量多餐，以利于消化，如面条、粥、馒头、烂米饭、瘦肉泥等。应适当限制含粗纤维多的蔬菜水果等。忌食粗粮，如红薯、玉米、高粱、小麦等不利消化、加重肠胃负担的食物。忌食多纤维蔬菜和水果，如竹笋、芹菜、菠菜、木耳、香菇、紫菜、南瓜等。忌食油腻辛辣的食物、烧烤类。

【对症食材推荐】

❶ 猪大肠 性微温，能解毒、止血，对腹泻有便血者食疗效果佳。

❷ 猪肚 性微温，能补虚损、健脾胃，对腹泻虚脱者有食疗效果。

❸ 薏米 性凉，能健脾胃、清热，治疗泄泻，对腹泻有较好的疗效。

❹ 莲子 性平，能健脾补胃，治疗脾虚久泻，大便溏泻。

❺ 石榴 性温，能涩肠止泻、杀虫止痢，对腹泻有治疗效果。

❻ 苹果 性凉，能润肺、健胃消食、止泻，对腹泻患者有益。

❼ 豆腐 性凉，能生津润燥、清热解毒、和脾胃，对腹泻患者有疗效。

❽ 南瓜 性温，能润肺益气、消炎止痛、驱虫解毒，对腹泻患者有益。

❾ 冬瓜 性凉，能清热解毒、利水消肿，对肠炎等感染性疾病有食疗效果。

❿ 赤小豆 性凉，能清热解毒、止泻止痢，对肠炎、痢疾等湿热性疾病有食疗效果。

【对症食疗搭配速查】

❶【猪大肠+薏米】煮汤服用,能健脾胃、止泻止血,对腹泻有疗效。

❷【猪肚+莲子+山药】炖汤服用,能收敛肠胃、补虚损,对腹泻有食疗效果。

❸【南瓜+粳米】煮粥食用,能润肺益气、消炎止痛、和脾胃,对腹泻患者有益。

❹【赤小豆+薏米】煮汤食用,能清热解毒、排脓止泻,对湿热腹泻的患者有疗效。

【对症药材推荐】

❶ 马齿苋 性寒,能清热解毒、消肿止痛,治疗肠炎、痢疾,对腹泻有疗效。

❷ 芡实 性平,能收敛肠胃、补脾止泻。对腹泻患者有益。

❸ 茯苓 性平,能健脾补中、止泻,对腹泻患者有一定疗效。

❹ 砂仁 性温,能行气调中、和胃醒脾,对腹胀食滞、腹泻有一定疗效。

❺ 厚朴 性温,能温中下气、燥湿消痰,对腹胀、呕吐、食滞、寒湿泻痢有疗效。

❻ 陈皮 性温,能理气健脾、调中燥湿,对脾胃气滞所致脘腹胀痛、便溏有疗效。

❼ 白术 性温,能健脾益气、燥湿利水,对脾胃气弱、虚胀腹泻有一定疗效。

❽ 白扁豆 性平,能健脾和中,治疗脾胃虚弱、便溏腹泻。

❾ 肉豆蔻 性温,能温肾健脾、涩肠止泻,治疗老年人肾虚腹泻虚。

❿ 黄连 性寒,能清热燥湿、解毒止泻,对湿热型腹泻、肛门灼痛者有一定疗效。

【对症方剂配伍速查】

❶【马齿苋+黄柏】水煎服,能清热解毒,凉血止痢,对腹泻患者有益。

❷【芡实+白术+茯苓】水煎服,能健脾除湿,对脾虚久泻患者有益。

❸【砂仁+厚朴+陈皮+肉豆蔻】水煎服,能温中下气、温肾涩肠,对腹泻有一定的治疗作用。

❹【黄连+陈皮+黄柏】水煎服,能清热解毒,对湿热腹泻患者有益。

便秘

[病症陈述] 便秘不是一种疾病而是临床上常见的一组复杂的症状。便秘可分为急性便秘和慢性便秘两类，主要表现为大便次数减少，间隔时间延长，正常但粪质干燥，排出困难等。

[病因分析] 中医认为，便秘的病因为燥热内结，或气滞不行，或气虚传送无力，或血虚肠道干涩，以及阴寒凝结等，而西医认为，引起便秘的原因包括疾病、药物以及精神、饮食因素，等等。燥热内结便秘者多伴有口干、口苦、口臭、大便干结如羊粪、舌红苔黄等症状；气滞便秘者多伴有食后腹部胀气、屁多、消化不良等症状；气虚便秘多见于老年人或病后体虚患者，大便不干，但排出费力；血虚便秘多见于产后妇女。

[饮食原则] 便秘患者应选择具有润肠通便作用的中药和食物，如香蕉、火麻仁、郁李仁、苦杏仁，燥热内结者可加用瓜蒌、大黄；气滞者加枳实等；血虚者加当归；气虚者加党参。应常吃含粗纤维丰富的各种蔬菜水果，如土豆、芝麻、南瓜、核桃、海带、猪大肠、梨、苹果等，多吃富含B族维生素的食物。忌食辛辣温燥性食物，如胡椒、辣椒、茴香、豆蔻、肉桂、白酒等。忌食性涩收敛的食物，如芡实、莲子、栗子、高粱、豇豆等。忌食爆炒煎炸类的食物，如炒蚕豆、炒花生、炒黄豆、爆玉米花、炒米花等。

【对症食材推荐】

❶ 香蕉 | 性寒，能清热、通便，对便秘有较好的治疗效果。

❷ 芝麻 | 性平，能润肠、通乳，对便秘患者有较好的治疗作用。

❸ 蜂蜜 | 性平，能调补脾胃、润肠通便，对便秘疗效佳。

❹ 土豆 | 性平，能和胃调中、健脾益气、补血、通便，对便秘有较好的疗效。

❺ 菠菜 | 性凉，能促进肠道蠕动，通便，对便秘疗效佳。

❻ 蘑菇  | 性凉，富含粗纤维，能促进肠道蠕动，通便，对便秘有较好的疗效。

❼ 核桃 | 性温，能润肠通便，对便秘有较好的治疗效果。

❽ 猪血 | 性平，能清血化瘀、利肠通便，对便秘有较好的食疗效果。

❾ 白萝卜 | 性凉，能增强食欲、助消化、促进肠胃蠕动，对气虚便秘有疗效。

❿ 杏仁 | 性温，能润肠通便，对血虚便秘有一定的治疗效果。

【对症食疗搭配速查】

❶【白萝卜+猪血】炖汤食用,能补血、清血化瘀、利肠通便,对便秘有很好的疗效。

❷【香蕉+芝麻粉+冰糖】熬汤服用,能清热解毒、润肠通便,对便秘疗效佳。

❸【菠菜+核桃仁+杏仁】拌菜食用,能润肠通便,适合老年人便秘。

❹【香菇+猪肠】煮汤食用,能润肠通便、益气补虚,适合老年人性便秘。

【对症药材推荐】

❶ 大黄	性寒,能清湿热、攻积滞、泻火,治疗湿热便秘疗效佳。
❷ 番泻叶	性大寒,能泻热行滞、通便利水,治疗积热便秘。
❸ 芦荟	性寒,能清热通便,对便秘有较好的治疗效果。
❹ 柏子仁	性平,能润肠通便、养心安神,对便秘有较好的治疗效果。
❺ 火麻仁	性平,能润燥滑肠,对血虚便秘有较好的疗效。
❻ 郁李仁	性平,能润燥滑肠、行气利水,对气血两虚的便秘有较好的疗效。
❼ 松子仁	性温,能润燥滑肠,润肺止咳,有效治疗肠燥便秘。
❽ 当归	性温,能补血活血、润燥滑肠,对血虚型便秘有较好的疗效。
❾ 肉苁蓉	性温,能温肾助阳、润燥滑肠,对阳虚型便秘有较好的疗效。
❿ 瓜蒌仁	性凉,能清热泻火、滑肠通便,对热结便秘者有较好的疗效。
⓫ 厚朴	能行气消积、泻下通便,对胃肠积滞、腹胀便秘者有较好的疗效。

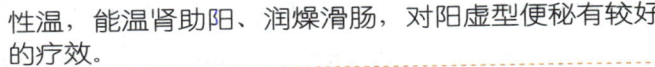

【对症方剂配伍速查】

❶【火麻仁+当归+熟地】水煎服,能治体弱津血不足的肠燥便秘。

❷【柏子仁+火麻仁+郁李仁】水煎服,能滑润大肠,可治习惯性便秘。

❸【松子仁+瓜蒌仁】水煎服,能清热、润肠通便,治热结肠燥便秘。

❹【大黄+厚朴】水煎服,能润肠通便,治热结肠燥、腹痛拒按者。

痔疮

[病症陈述] 痔疮是指人体直肠末端，黏膜下颌肛管皮肤下静脉丛发生扩张和屈曲所形成的柔软静脉团。痔疮病因可由妊娠、局部炎症、辛辣食物刺激等原因导致。

[症状分析] 可分为内外痔，内痔早期的症状不明显，以排便间断出鲜血为主，不痛，无其他不适，中、晚期则有排便痔脱出、流黏液、发痒和发作期疼痛；外痔可看到肛缘的痔隆起或皮赘，以坠胀疼痛为主要表现。

[饮食原则] 痔疮患者宜选择具有改善血液循环作用的，含纤维素多，有助于促进肠道蠕动的中药食材，如：生地、韭菜、党参、丹参、白芷、决明子、绿茶、苹果、香蕉、柚子等。忌食辛辣刺激性强、肥厚油腻助热上火的食物，如辣椒、胡椒、生姜、花椒、肉桂等。忌食发物，禁烟酒等。

【对症食材推荐】

❶ 韭菜 性温，能健脾益胃、行气理血，改善循环，对痔疮有食疗效果。

❷ 香蕉 性寒，能清热通便，促进肠道蠕动，对痔疮有食疗效果。

❸ 丝瓜 性凉，能清暑凉血、解毒通便、行血，对痔疮有较佳的食疗效果。

❹ 猪大肠 性微温，能润肠、解毒、止血，治疗痢疾、痔疮等有较好的食疗效果。

【对症食疗搭配速查】

【丝瓜+猪大肠】 炒菜食用，能清热泻火、凉血解毒、润肠，对痔疮有疗效。

【对症药材推荐】

❶ 茜草 性寒，能凉血止血、活血化瘀，对痔疮有一定治疗效果。

❷ 白茅根  性寒，能凉血止血、清热生津、利尿通淋，对痔疮有疗效。

❸ 丹皮 性寒，有凉血止血、活血化瘀的功效，对痔疮肿痛、出血均有疗效。

❹ 赤芍  性寒，凉血止血、解毒化瘀，可配伍清热止血药治疗痔疮。

【对症方剂配伍速查】

【茜草+白茅根+茜草+丹皮】 水煎服，能凉血止血、改善循环，对痔疮出血有治疗作用。

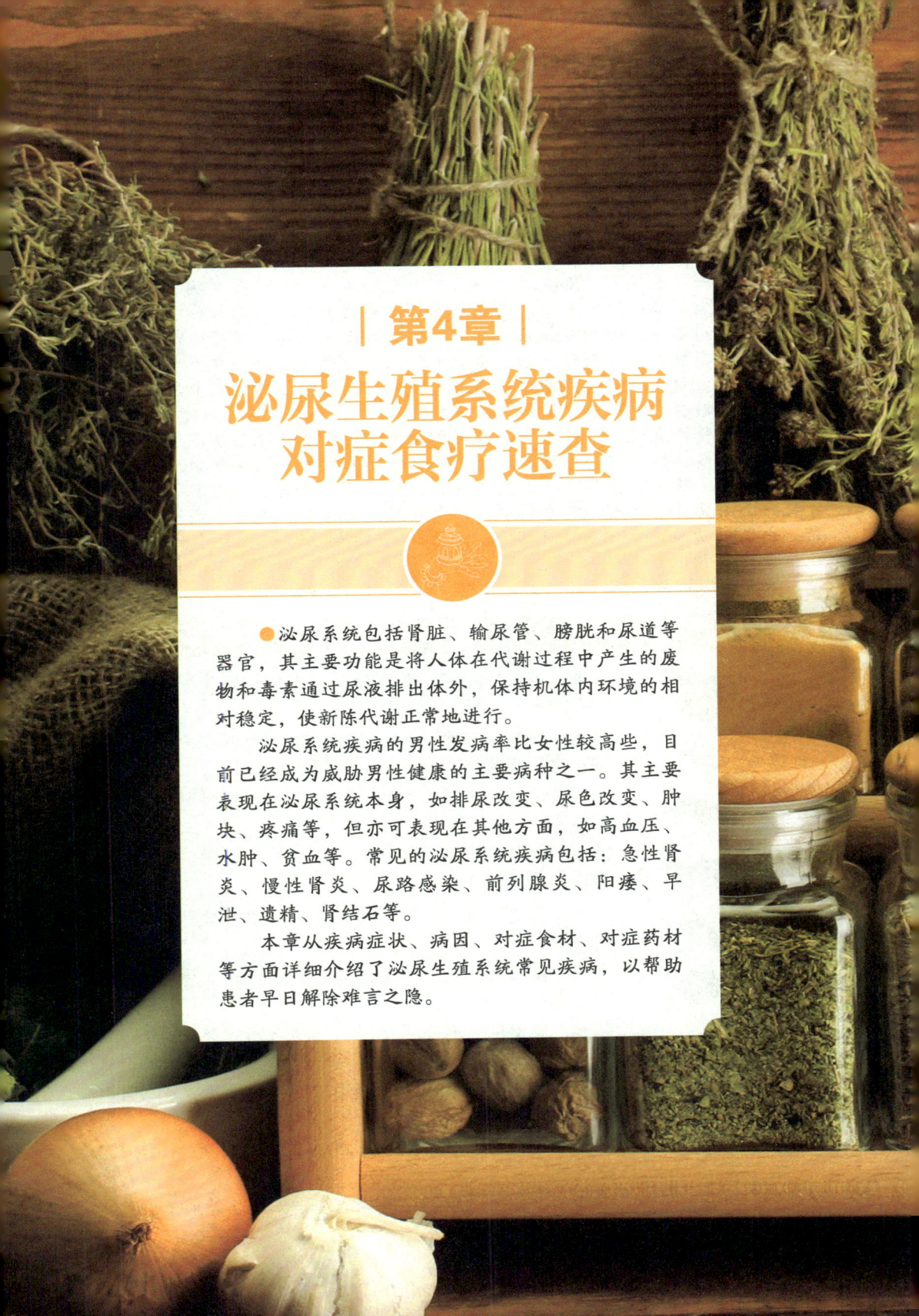

第4章
泌尿生殖系统疾病对症食疗速查

●泌尿系统包括肾脏、输尿管、膀胱和尿道等器官，其主要功能是将人体在代谢过程中产生的废物和毒素通过尿液排出体外，保持机体内环境的相对稳定，使新陈代谢正常地进行。

泌尿系统疾病的男性发病率比女性较高些，目前已经成为威胁男性健康的主要病种之一。其主要表现在泌尿系统本身，如排尿改变、尿色改变、肿块、疼痛等，但亦可表现在其他方面，如高血压、水肿、贫血等。常见的泌尿系统疾病包括：急性肾炎、慢性肾炎、尿路感染、前列腺炎、阳痿、早泄、遗精、肾结石等。

本章从疾病症状、病因、对症食材、对症药材等方面详细介绍了泌尿生殖系统常见疾病，以帮助患者早日解除难言之隐。

肾炎

[病症陈述] 肾炎是两侧肾脏非化脓性的炎性病变。分为急性肾炎、慢性肾炎、肾盂肾炎等。临床上均以水肿、少尿、血尿和高血压为主要临床表现。

[症状分析] 大多数病人在发病前一个月有先驱感染史,起病多突然,但也可隐性缓慢起病。多以少尿开始,或逐渐少尿,甚至无尿。可同时伴有肉眼血尿,持续时间不等,但镜下血尿持续存在,尿常规变化与急性肾小球肾炎基本相同。约半数病人在开始少尿时出现水肿,以面部及下肢为重,水肿出现后难以消退。起病时部分病人伴有高血压,也有在起病以后过程中出现高血压,且血压不易自行下降。肾功能损害呈持续性加重。

[饮食原则] 肾炎表现为水肿、血尿及蛋白尿,所以在饮食方面要注意蛋白质摄入不要过多;患者宜选用具有消除肾炎水肿功能的中药材和食材,如赤小豆、海金沙、茯苓、猪苓、冬瓜皮、冬瓜、玉米须、车前子、海藻等;慢性肾炎宜选用具有增强排钠能力的中药材和食材,如茯苓、冬菇、西红柿、蘑菇、白菜、黄蘑等。水的摄入量不要过多,要限制水量,避免水代谢的紊乱;要限制盐的摄入;限制含嘌呤高的食物的摄入,如菠菜、萝卜、芹菜等;忌食刺激性强的调味品,如辣椒、芥末、咖喱、胡椒等。

【对症食材推荐】

❶ 西瓜 性寒,能清热解暑、利尿消肿,对急性肾炎出现的水肿有疗效。

❷ 冬瓜 性凉,能清热解毒、利水消肿,对急性肾炎出现的水肿有食疗效果。

❸ 葡萄  性平,能滋补肝肾、养血益气,对急、慢性肾炎有食疗效果。

❹ 鲫鱼  性平,能补血通乳、下气、利尿消肿,对急、慢性肾炎食疗效果佳。

❺ 田螺 性寒,能清热解暑、利尿通淋,对急性肾炎患者有食疗效果。

❻ 绿豆 性寒,能清热解毒、利尿通淋,对急性肾炎患者有食疗效果。

❼ 鲤鱼 性温,能健脾、利水、消肿,对慢性肾炎有良好的食疗效果。

❽ 赤小豆 性凉,能清热解毒、利水通淋,对急性肾炎、小便不利有疗效。

❾ 猪腰 性平,能补肾、利水消肿,对慢性肾炎有较好的食疗效果。

❿ 马蹄 性微凉,能清热解毒、利尿通淋,对肾炎水肿有食疗效果。

【对症食疗搭配速查】

❶ 【鲤鱼+冬瓜】熬粥服用,能健胃、利水消肿,对肾炎食疗效果佳。

❷ 【鲫鱼+田螺+绿豆】熬粥服用,能补血、利尿消肿,对肾炎水肿、尿少有食疗效果。

❸ 【西瓜+葡萄+马蹄】榨汁饮用,能清热利尿、降压消肿,对急性肾炎水肿、高血压、血尿、少尿均有食疗效果。

❹ 【猪腰+赤小豆】炖汤食用,能补肾强腰、利尿消肿,对肾炎水肿、少尿均有食疗效果。

【对症药材推荐】

❶ 白茅根 | 性寒,能凉血止血、利尿通淋,对急、慢性肾炎引起的血尿有很好的疗效。

❷ 玉米须 | 性平,能利水通淋、泄热、消除肾炎水肿。

❸ 车前子 | 性寒,能清热利水、消肿,对肾炎尿少、水肿有疗效。

❹ 木通 | 性寒,能清热利水、通淋、通经下乳,对肾炎、小便不利有疗效。

❺ 茯苓 | 性平,能利水渗湿、健脾补中,对肾炎水肿有疗效。

❻ 泽泻  | 性寒,能利水渗湿、泄热,对肾炎水肿、尿少者有一定疗效。

❼ 萹蓄 | 性微寒,能利尿通淋,对急性肾炎、少尿血尿者均有疗效。

❽ 桂枝 | 性温,能温经活血、化气利尿,对虚寒性慢性肾炎引起的水肿、少尿者均有很好的疗效。

❾ 淡竹叶 | 性寒,能清心热、利尿通淋,对急性肾炎、尿痛、低热者有疗效。

❿ 生地 | 性凉,能凉血止血、滋阴生津,对急、慢性肾炎引起的血尿、尿痛者有较好的疗效。

【对症方剂配伍速查】

❶ 【生地+竹叶+木通+甘草】水煎服,能清心热、利小便。

❷ 【白茅根+车前子+赤小豆】水煎服,能治水肿、小便不利,对急性肾炎有疗效。

❸ 【泽泻+茯苓+桂枝】水煎服,能温肾利水,治阳虚水泛引起的水肿、小便不利均有疗效。

❹ 【淡竹叶+萹蓄+车前子】水煎服,能清热利水,治疗水肿、小便不利,对急性肾炎有较疗效。

前列腺炎

[病症陈述] 前列腺炎是指前列腺特异性和非特异性感染所致的急慢性炎症。常见的症状包括：排尿不适，后尿道、会阴、肛门处坠胀不适，下腰痛，性欲减退，射精痛，射精过早等。

[疾病分析] 引起前列腺炎的原因包括：前列腺结石或前列腺增生、淋菌性尿道炎等疾病，经常性酗酒，受凉，邻近器官炎性病变，支原体、衣原体、脲原体、滴虫等非细菌性感染。

前列腺炎的临床表现多样化，可出现会阴、耻骨上区、腹股沟区、生殖器疼痛；尿道症状为"膀胱刺激征"即排尿时有烧灼感、尿急、尿频、尿痛，还可伴有排尿终末血尿或尿道脓性分泌物；急性感染可伴有恶寒、发热、乏力等全身症状。

[饮食原则] 前列腺炎患者宜选用具有增加锌含量功能的中药材和食材，如桑葚、枸杞、熟地黄、杜仲、人参、牡蛎、腰果、冬瓜皮、金针菇、苹果、南瓜子等；宜选用具有消炎杀菌功能的中药材和食材，如白茅根、车前子、荷叶、牛膝、冬瓜皮、荷叶、土茯苓、绿豆、赤小豆、大蒜等。忌食辣椒、姜、咖喱、芥末、胡椒等，作调料使用，宜少用。忌食狗肉、羊肉、雀肉、鹿肉、猪头肉、韭菜、蒜苗等发物。忌生冷食物等。

【对症食材推荐】

❶ 西红柿 | 性凉，能清热解毒、利尿止血，对前列腺炎有辅助治疗效果。

❷ 桑葚 | 性寒，能补血滋阴，治肝肾亏虚、内热消渴，对前列腺炎有疗效。

❸ 薏米  | 性凉，能清热利湿、消肿，对炎症的消除有益。

❹ 花生 | 性平，能促进人体的新陈代谢、助消化，对前列腺炎有益。

❺ 松子仁 | 性平，能强阳补骨、润燥滑肠、助消化，对炎症的消除有食疗效果。

❻ 马蹄 | 性微凉，能清热解毒、利尿通便，消除炎症。

❼ 西瓜 | 性寒，能清热解暑、利水消肿，对消除炎症有食疗效果。

❽ 牡蛎 | 性凉，能敛阴潜阳、止汗固精，对前列腺炎的症状有缓解作用。

❾ 大蒜 | 性平，能杀菌消炎，对炎症的消除有食疗效果。

❿ 赤小豆 | 性平，能滋补强身、抗菌消炎、利尿，对炎症和血热所致血精有疗效。

【对症食疗搭配速查】

❶【桑葚+花生+松子仁】榨汁饮用，能增加体内锌的含量、利尿生津，对前列腺患者有益。

❷【牡蛎+冬瓜+薏米】熬汤服用，富含锌，能清热解毒、利水消肿，对湿热型前列腺炎有疗效。

❸【西瓜+西红柿+马蹄】榨汁服用，富含胡萝卜素，可利尿通淋，可减轻前列腺肿大。

❹【赤小豆+薏米+花生】煮汤食用，可清热利尿、消炎止痛，对前列腺炎患者有益。

【对症药材推荐】

❶白茅根		性寒，能活血凉血、利尿通淋，对炎症的消除有疗效。
❷车前子		性寒，能清热利水、清暑，对炎症的消除有疗效。
❸枸杞		性平，能滋补肝肾，对炎症引起的症状有缓解作用。
❹冬瓜皮		性凉，能清热利尿、消肿，对炎症的消除有益。
❺荷叶		性平，能清暑利湿、止血，对炎症的消除有益。
❻牛膝		性平，能活血散瘀、消痈肿，治尿血，能消炎。
❼南瓜子		性平，能驱虫，能提高精子的质量，对炎症引起的症状有缓解的作用。
❽土茯苓		性平，能祛湿解毒，治疗梅毒等，对前列腺炎有一定的疗效。
❾桑葚		性凉，能补血滋阴、补肝益肾，治疗肝肾亏虚，对前列腺炎的症状有缓解疗效。
❿赤芍		性凉，能清热凉血、化瘀止血，对治疗瘀热互结、前列腺增生肿痛、尿血者均有疗效。
⓫丹参		性温，能活血化瘀，对治疗瘀热互结引起的前列腺增生肿痛者均有疗效。

【对症方剂配伍速查】

❶【白茅根+车前子+赤芍】泡茶饮用，能清热凉血、利尿通淋，对炎症的消除有益。

❷【冬瓜皮+荷叶+南瓜子】水煎服，能清热利尿、消肿，对炎症的消除有益。

❸【土茯苓+牛膝+丹参】水煎服，能活血散瘀、解毒利尿、消炎止痛，对前列腺炎疗效佳。

尿路感染

[病症陈述] 尿路感染是指尿道黏膜或组织受到病原体的侵犯从而引发的炎症,可分为急性肾盂肾炎、慢性肾盂肾炎、膀胱炎、不典型尿路感染等。

[症状分析] 本病好发于女性,男女患病率比例为1∶8。急性肾盂肾炎临床表现主要为寒战、发热、食欲不振、尿频、尿急、尿痛,腰痛或下腹部隐痛。膀胱炎主要表现为尿频、尿急、尿痛、白细胞尿、血尿等尿路刺激症状,少数患者也可出现腰痛、低热等。尿路感染主要是由单一细菌引起的,其病原菌为大肠埃希杆菌。

[饮食原则] 尿路感染患者宜选用具有抑制大肠杆菌功能的中药材和食材,如马齿苋、苋菜、乌梅、石榴皮、黄连、菊花、厚朴、白芍、艾叶、黄柏等,宜选用具有加速消炎、排尿功能的中药材和食材,如车前子、金钱草、白茅根、竹叶、玉米须、木通、滑石、石韦、苦瓜、冬瓜、绿豆、赤小豆、青螺、西瓜、梨等。忌食发物食物,如猪头肉、鸡肉、蘑菇、带鱼、螃蟹、竹笋、桃子等。忌食辛辣刺激性食品,如洋葱、韭菜、蒜、胡椒、生姜、辣椒等。忌食燥热性食物及油腻食物,如羊肉、狗肉、榴莲、肥肉、鹅肉、炸薯条等。

【对症食材推荐】

❶ 冬瓜 | 性凉,能清热解毒、利水消肿,消除炎症,对尿路感染有适当的疗效。

❷ 马蹄 | 性微凉,能清热解毒、利尿通便,消除炎症,对尿路感染有一定疗效。

❸ 苦瓜 | 性寒,能清热消暑、解毒、增强抵抗力,对炎症的消除有极好的疗效。

❹ 绿豆芽  | 性凉,能清暑热、解毒、利尿,对消除炎症有很好的食疗效果。

❺ 赤小豆  | 性平,能利尿消肿、抗菌消炎。对消除炎症有疗效。

❻ 绿豆  | 性凉,能清热解毒、利尿消肿,对消除炎症有食疗效果。

❼ 马齿苋 | 性寒,能清热解毒、消肿止痛,对肠炎有适当的疗效,对尿路感染有益。

❽ 黑豆  | 性平,能活血、解毒、利尿,对消除炎症有极好的食疗效果。

❾ 白菜 | 性平,能清热解毒、利尿养胃,对炎症的消除有食疗效果。

❿ 苋菜 | 性凉,能清热解毒、抑制大肠杆菌,对尿路感染有食疗效果。

【对症食疗搭配速查】

❶【苦瓜+牛蛙+冬瓜】炖汤服用,能清热利尿、祛湿消肿,对湿热型尿道炎有食疗效果。

❷【马齿苋+白菜】炒食,能抑制大肠杆菌,利尿通淋,对尿道感染有食疗效果。

❸【赤小豆+黑豆+绿豆】炖汤服用,能清热解毒、利湿通淋,对尿道感染有疗效。

【对症药材推荐】

❶ 白茅根 | 性寒,能活血凉血、利尿通淋,对湿热型尿路感染有一定疗效。

❷ 竹叶 | 性寒,能清热除烦、利尿,对湿热型尿路感染有疗效。

❸ 荷叶  | 性平,能清暑利湿、止血,治热病有出血证,对尿路感染有益。

❹ 玉米须 | 性平,能利水通淋、泄热,对湿热型尿路感染有益。

❺ 车前草 | 性寒,能清热利水、清暑,对湿热型尿路感染有疗效。

❻ 蒲公英 | 性寒,能清热解毒、利尿散结、消除炎症。

❼ 木通 | 性寒,能清热利水、通淋,对湿热型尿路感染有效。

❽ 生地 | 性微寒,能清热凉血,治疗血热有出血证,对尿路感染有辅助疗效。

❾ 滑石 | 性寒,能清热渗湿、利尿消肿,消除炎症。

❿ 牛膝 | 性凉,能清热利尿、引热下行,将热毒从小便排出,有助于缓解尿路感染症状。

⓫ 萹蓄 | 性凉,能清热利尿,可治疗尿路感染、尿痛、少尿无尿等症。

【对症方剂配伍速查】

❶【白茅根+玉米须】水煎服,能凉血、利尿通淋,对湿热型尿路感染有疗效。

❷【荷叶+竹叶+木通】水煎服,能清热利尿、凉血止血,对湿热出血及尿血者有疗效。

❸【蒲公英+车前草】水煎服,能清热解毒、利尿消肿,对消除炎症有一定疗效。

❹【牛膝+萹蓄+生地】水煎服,能清热凉血、利尿通淋,对尿路感染有较好的疗效。

早泄

[病症陈述] 早泄是一种性交障碍,主要表现为在阴茎进入阴道之前,或进入阴道中时间较短,在女性尚未达到性高潮时,提早出现了射精的情况。

[病因分析] 早泄患者宜选用有助于增强肾功能的中药材和食材,如枸杞、巴戟天、淫羊藿、菟丝子、杜仲、韭菜、龙骨、牡蛎、西瓜等;宜选用具有抑制精液过早排出的中药材和食材,如桑螵蛸等。忌食辛辣、兴火助阳、伤阴的食物,如辣椒、胡椒、花椒、肉桂、葱、姜、蒜、茴香等。忌食生冷性寒、损伤阳气的食物,如冷饮、田螺、蟹、柿子、绿豆、红薯、白萝卜、香蕉等。忌食牡蛎、茭白、芝麻、海松子等。

[饮食原则] 早泄患者宜选用有助于增强肾功能的中药材和食材,如枸杞、巴戟天、淫羊藿、菟丝子、杜仲、韭菜、龙骨、牡蛎、西瓜等;宜选用具有抑制精液过早排出的中药材和食材,如桑螵蛸等。对于湿热下注引起的阳痿,症见早泄,阴囊潮湿或有瘙痒、尿黄、舌红苔黄腻者应多食清热利湿的食物,如绿豆、赤小豆、马蹄等。忌食辛辣、兴火助阳、伤阴的食物,如辣椒、胡椒、花椒、肉桂、葱、姜、蒜、茴香等。忌食生冷性寒、损伤阳气的食物,如冷饮、田螺、蟹、柿子、绿豆、红薯、白萝卜、香蕉等。

【对症食材推荐】

❶ 莲子 | 性平,能健脾补胃、清心醒脾、固精,对男子遗精、早泄等有一定疗效。

❷ 核桃仁 | 性温,能温补肺肾,强健筋骨,对男子早泄有食疗效果。

❸ 鹌鹑 | 性平,能补五脏、益精血、温肾助阳,对早泄患者有益。

❹ 乳鸽  | 性平,能补肾益气,壮阳,对早泄患者有益。

❺ 麻雀 | 性温,能补肾壮阳、益精固涩,对早泄患者有疗效。

❻ 芡实 | 性平,能固肾涩精,治疗男子遗精、早泄等。

❼ 韭菜 | 性温,能温肾助阳,治疗肾阳不足所致的阳痿早泄等。

❽ 羊肉  | 性热,能益气补虚、散寒祛湿,治疗肾虚所致的早泄等病症有疗效。

❾ 狗肉  | 性温,能温肾固精,对肾阳不足所致早泄有食疗效果。

❿ 海参 | 性平,能补肾益精、壮阳,对肾阳不足所致早泄有食疗效果。

【对症食疗搭配速查】

❶【核桃+枸杞+乳鸽】炖汤服用,能补心益脾、固摄精气,治疗遗精、早泄、滑精等。

❷【狗肉+韭菜】炒食,能滋补肝肾、助阳固精,治疗阳痿、遗精等。

❸【羊肉+芡实+莲子】炖汤服用,能补肾固精、止遗止泄,可治疗肾阳亏虚型遗精。

【对症药材推荐】

❶百合 | 性平,能清余热、润肺止咳,对除湿热有效,对早泄有辅助疗效。

❷沙苑子 | 性温,能补肝益肾、明目固精,治疗肾虚阳痿、遗精早泄等病症。

❸菟丝子 | 性平,能滋补肝肾、固精缩尿,治疗肾虚有疗效。

❹五味子 | 性温,能补肾固精、敛阴止汗,治疗肾虚症状有疗效。

❺枸杞 | 性平,能滋肾补肝,治疗肝肾阴亏、腰膝酸软、遗精等有疗效。

❻冬虫夏草 | 性温,能补虚损、益精气、补肾,治疗肾虚、阳痿、遗精早泄等有疗效。

❼车前子 | 性寒,能利水清热,清除体内湿热,对早泄有辅助疗效。

❽龙胆草 | 性寒,能清热燥湿、泻肝胆火,对肝胆湿热引起的遗精等有疗效。

❾韭菜子 | 性温,能补肝肾、暖腰膝、助阳固精,对肾阳亏虚、遗精滑泄者有较好的疗效。

❿金樱子 | 性温,能涩精止遗,对遗精早泄、夜尿频多的患者均有疗效。

⓫补骨脂 | 性温,能补肾助阳、固精缩尿,治疗肾阳不足所引起的阳痿早泄等。

【对症方剂配伍速查】

❶【鹿茸+补骨脂+沙苑子+菟丝子+枸杞】水煎服,能补肾涩精,对肾阳虚引起的早泄有辅助疗效。

❷【车前子+龙胆草+百合+五味子】水煎服,能清热利尿、泻火热,对下焦湿热引起的遗精早泄有一定疗效。

❸【枸杞+冬虫夏草】炖汤或水煎服,能补肾壮阳、益精气,治肾虚症状有疗效。

❹【韭菜子+金樱子+补骨脂】水煎服,能补肾壮阳、固精止遗,治肾阳亏虚者有疗效。

阳痿

[病症陈述] 阳痿是指阴茎的勃起功能障碍，主要表现为有性欲要求，但阴茎不能勃起或者勃起的时候不够坚硬，或者有勃起，而且有一定程度的硬度，但是不能保持足够的性交时间。

[病因分析] 阳痿的病因可分为器质性病因和心理性病因两方面。器质性病因包括各种导致阴茎海绵体动脉血流减少的疾病，神经中枢损失，内分泌疾患，慢性病长期服用某些药物，包茎以及包皮龟头炎，生殖器畸形，泌尿生殖系统的慢性炎症等。心理性病因包括自身性知识缺乏以及在性生活上存在自卑心理等。

[饮食原则] 阳痿患者宜选择具有提高性欲功能的中药材和食材，如淫羊藿、牛鞭、羊鞭、肉苁蓉、肉桂、人参、韭菜、泥鳅、鸡蛋、海藻、洋葱等。宜选用具有促进性功能的中药材和食材，如鹿茸、冬虫夏草、杜仲、枸杞、羊腰、猪腰、菟丝子等。肾虚亏虚者宜补肾阴，常食桑葚、枸杞、乌鸡、葡萄等；阳虚者宜补肾阳，常食核桃、乳鸽、雀肉、韭菜、羊肉、狗肉、动物鞭等。同时，不要酗酒，禁食肥腻、过甜、过咸的食物。忌食会降低性能力的饮品，如咖啡、碳酸饮料、浓茶、酒等。忌食肥厚油腻、过甜、过咸的食物，如动物内脏、肥肉、奶油等，以免肥胖影响性功能。

【对症食材推荐】

❶ 羊肉		性热，能益气补虚、助热散寒，对阳痿有适当的食疗作用。
❷ 狗肉		性温，能补肾、益精、壮阳。对体弱、四肢发冷、精神不振有食疗效果。
❸ 鹌鹑		性平，能补五脏、益精血、温肾助阳。对性功能低下者有食疗作用。
❹ 乳鸽		性平，能补肾益气、养血、壮阳。对贫血、体虚有一定食疗效果。
❺ 乌鸡		性平，能滋阴补肾、养血、添精，对阳痿患者有益。
❻ 韭菜		性温，能温肾助阳、行气理血，提高男性性功能。
❼ 核桃		性温，能温补肺肾，对阳痿患者有一定的食疗效果。
❽ 板栗		性温，能健脾养胃、补肾强腰、强健筋骨，对肾虚有一定食疗效果。
❾ 鳝鱼		性温，能补气养血、祛风湿、强筋骨、壮阳，对肾虚阳痿有一定食疗效果。
❿ 麻雀		性温，能补气养血、补肾壮阳，对肾虚阳痿有较好的食疗效果。

【对症食疗搭配速查】

❶【羊肉+鹿茸+红枣】炖汤服用，能补肾壮阳、强身健体。对肾阳虚所致症状有疗效。

❷【巴戟天+淫羊藿+鸡腿】炖汤服用，能滋补肾阳、强壮筋骨。对治疗阳痿有食疗效果。

❸【牛鞭+生姜】炖汤服用，能补肾助阳，改善心理性性功能障碍。

❹【麻雀+韭菜+核桃仁】炒食，能补肾壮阳，改善阳痿、性欲低下等症状。

【对症药材推荐】

❶鹿茸	性温，能滋肾补阳、益精生血、强筋壮骨，是治疗肾阳亏虚的良药。
❷巴戟天	性温，能补肾阳、强壮筋骨，治疗阳痿遗精等。
❸淫羊藿	性温，能补肾壮阳、益气强心，治疗阳痿不举、早泄遗精等。
❹海参	性平，能补肾益精、养血润燥、养颜乌发。对心血管疾病有较好的预防作用。
❺海马	性温，能补肾壮阳、调气活血，治疗肾虚阳痿、精少等。
❻冬虫夏草	性温，能补虚损、益精气、补肺肾。对久咳虚喘、阳痿遗精有治疗效果。
❼杜仲	性温，能补肝肾、强筋骨，治疗阳痿、遗精等有疗效。
❽补骨脂	性温，能补肾助阳、固精缩尿，对肾阳虚所致阳痿有疗效。
❾海狗肾	性热，能暖肾壮阳、益精补髓，对肾阳虚所致阳痿有疗效。
❿肉苁蓉	性温，能补肾阳、益精血、润肠通便，对肾阳不足所致阳痿有疗效。
⓫蚕蛹	补肾壮阳，且含有丰富的蛋白质，对肾虚阳痿患者大有益处。

【对症方剂配伍速查】

❶【鹿茸+巴戟天+海马】水煎服，能补肾壮阳、强壮筋骨，适合肾阳亏虚型阳痿患者食用。

❷【海参+冬虫夏草】炖汤或水煎服，能补虚损、补肾益精。

❸【牛鞭+羊鞭+杜仲】炖汤或水煎服，能补肾壮阳、强壮筋骨，增强性功能。

遗精

[病症陈述] 遗精是一种生理现象，表现为非性交时发生精液的外泄，约有80%未婚青年都有过这种现象。在睡眠做梦中发生遗精称为梦遗；在清醒状态下发生的遗精叫作滑精。

[症状分析] 遗精的临床表现为一晚2～3次或者每周2次以上，或者清醒时精液自动滑出，伴有精神萎靡、失眠多梦、神疲乏力、腰膝酸软等症状。引发遗精的相关因素有：患者性知识缺乏，经常看黄色书刊或者色情电影，过度疲劳，外生殖器以及附属性腺的炎症刺激等，此外，体内贮存精子达到一定量时，没有以上的引发因素，也有可能发生遗精情况。正常未婚男子，每月遗精可达2～8次，属正常生理现象，若在有规律的性生活时，经常遗精或遗精次数增多，一周数次或一夜数次，或仅有性欲观念即出现遗精或滑精者多属病态。

[饮食原则] 遗精患者宜选用具有抑制精液排出功能的中药材和食材，如芡实、山茱萸、莲子、牡蛎、紫菜、羊肉、猪腰等；宜选用具有抑制中枢神经功能的中药材和食材，如甲鱼、柏子仁、酸枣仁、朱砂、远志、合欢皮等。同时，勿食生冷滑利、性属寒凉的食物。忌食过于辛辣之物，如酒、辣椒、胡椒、姜、蒜、肉桂、芥末等。忌食含有咖啡因和茶碱的饮品，如咖啡、浓茶、碳酸饮料等。

【对症食材推荐】

❶ 莲子 | 性平，能清心醒脾、健脾止泻、涩精，对男子遗精有食疗效果。

❷ 山药 | 性平，能补脾养胃、益肺生津、补肾涩精，治疗肾虚遗精。

❸ 牡蛎  | 性凉，能敛阴潜阳、止汗固精，治疗遗精等有食疗效果。

❹ 龟肉  | 性温，能滋阴补血、益肾健骨、养心安神，对失眠、遗精、盗汗者有食疗效果。

❺ 乳鸽  | 性平，能补肾、益气、养血，对肾虚引起的遗精者有食疗效果。

❻ 百合 | 性平，能清余热、润肺止咳，对肝胆湿热引起的遗精等症有疗效。

❼ 桑葚 | 性寒，能补血滋阴、生津润燥，对肝肾亏虚引起的症状有疗效。

❽ 白果 | 性平，能敛肺气、定喘咳、止带浊、缩尿，治疗遗精、尿多等病症。

❾ 芡实 | 性平，能固肾涩精、补脾止泄，治疗遗精、淋浊带下等病症。

❿ 甲鱼  | 性平，能滋阴补肾、固肾止遗，对治疗肾阴亏虚、遗精盗汗、五心烦热、失眠的患者有较好的食疗作用。

【对症食疗搭配速查】

❶【牡蛎+芡实+白果】炖汤服用，能补肾固精、滋阴补虚，可改善肾虚遗精等。

❷【乳鸽+莲子+山药】炖汤服用，能补脾益肾、固精安神，治疗遗精、早泄等病症。

❸【乌龟+百合+桑葚】炖汤服用，能滋阴补肾、安神固精，治疗肾阴亏虚，梦遗症。

❹【甲鱼+芡实】炖汤服用，能滋阴补肾、固精止遗，治疗肾阴亏虚，遗精早泄症。

【对症药材推荐】

❶ 五味子　　　性温，能补肾、收汗涩精，治疗肾虚症状有疗效。

❷ 海螵蛸 　　性微温，能收敛止血、涩精止带，治疗遗精滑精等病症有疗效。

❸ 覆盆子 　　性平，能补肝肾、缩尿固精、助阳，对肾虚的症状有疗效。

❹ 金樱子　　　性平，能固精涩肠、缩尿止泻，治疗滑精、遗尿等有效。

❺ 山茱萸　　　性微温，能补肝肾、涩精气、固虚脱，治疗肾虚的症状有效。

❻ 灵芝　　　性温，能益气血、养心安神，对虚损症状有疗效。

❼ 酸枣仁　　　性平，能养肝、宁心安神、敛汗，对虚症有疗效。

❽ 柏子仁 　　性平，能养心安神、润肠通便，治疗失眠、遗精、盗汗等病症。

❾ 桑螵蛸 　　性平，能补肾壮阳、固精缩尿，对肾气亏虚所致遗精、滑精有疗效。

【对症方剂配伍速查】

❶【五味子+柏子仁】水煎服，能养心安神、补肾涩精，治疗遗精有一定疗效。

❷【金樱子+覆盆子+山茱萸】水煎服，能补肝肾、缩尿固精、助阳，治疗遗精等有疗效。

❸【灵芝+酸枣仁】水煎服，能补虚损，对肾虚引起的症状有一定疗效。

❹【海螵蛸+桑螵蛸】水煎服，能补肾壮阳、涩精止带，治疗遗精有疗效。

❺【山茱萸+五味子+桑螵蛸+酸枣仁】水煎服，能养心安神、补肾涩精，对治疗夜间盗汗、遗精有疗效。

肾结石

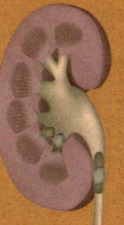
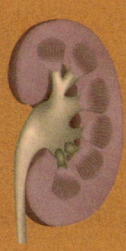

[病症陈述] 肾结石是指结石发生于肾盏、肾盂以及输尿管连接部。肾结石的临床表现与结石的病因、成分、大小、数目、位置、活动度、有无梗阻感染及肾实质病理损害的程度有关。

[症状分析] 肾绞痛是肾结石的典型症状，通常在运动后或夜间突然发生一侧腰背部剧烈疼痛呈刀割样；约80%的结石患者出现血尿；若结石堵塞了肾盂、输尿管，尿液排出不畅，会造成肾积水。

[饮食原则] 肾结石患者宜选用具有利尿排石作用的中药材和食材，如金钱草、车前草、夏枯草、白茅根、紫菜、木瓜等。同时，肾结石患者应控制牛奶、干酪、奶油及其他乳制品等高钙食物的摄入量。忌吃富含草酸盐含量高的食物，如甜菜、芹菜、巧克力、葡萄、青椒、香菜、菠菜、草莓及甘蓝菜科等。忌吃酒精、咖啡因、茶、巧克力、无花果干、羊肉、核果、青椒、红茶、罂粟籽等。忌吃嘌呤含量高的食物，如鸭肝、虾、鳗鱼、草鱼、鲍鱼等。忌吃高钙的食物，如豆奶、牛奶、骨头汤、奶油等。

【对症食材推荐】

❶ 核桃 性温，能滋补肝肾、化石、通便，利于结石的排出。

❷ 马蹄 性微凉，能清热解毒、利尿通便，利于结石的排出。

❸ 绿豆 性凉，能清热解毒、利尿消肿，有利于结石的排出。

【对症食疗搭配速查】

【核桃+马蹄+绿豆】 炖汤服用，能清热利尿、排石软坚，结石病患者可经常食用。

【对症药材推荐】

❶ 金钱草 性凉，能清热利尿、消肿解毒，对结石的排出有较佳的疗效。

❷ 车前草 性寒，能清热泻火、排石利尿，为治疗各种结石病的常用药。

❸ 鸡内金 性平，能消积食、强肾，对肾结石有较好的疗效。

【对症方剂配伍速查】

【金钱草+车前草+鸡内金】 水煎服，能清热利尿、活血散瘀，对结石的排出有疗效。

第5章
妇科疾病对症食疗速查

● 妇科疾病主要指的是女性生殖系统疾病，包括阴道、子宫、输卵管及卵巢等疾病，是女性常见病、多发病，严重影响着女性的健康，因女性一生中要经历月经期、妊娠期、产后期、更年期等阶段，因此对这些阶段常见的易发疾病本章都做了详细的介绍。

常见的妇科疾病有：月经不调、痛经、功能性子宫出血、带下过多、乳腺增生、急性乳腺炎、乳腺癌、阴道炎、宫颈炎、子宫肌瘤、胎动不安、产后缺乳、产后恶露不绝、卵巢早衰、更年期综合征等。

本章从疾病症状、病因、对症食材、对症药材等方面详细介绍了妇科常见疾病，帮您解除后顾之忧，让您容光焕发。

月经不调

[病症陈述] 月经不调是由于七情所伤或外感六淫，或先天肾气不足，多产、房劳、劳倦过度，使脏气受损，肾、肝、脾功能失常，气血失调，致冲任二脉损伤所致。

[症状分析] 月经不调通常泛指各种原因引起的月经改变，包括月经的周期、经期、经色、经质等失去了正常的规律性，主要包括月经先期、月经后期、月经先后不定期、月经过多、月经过少、经期延长、经间期出血等。月经先期是指月经提前7天以上，甚至半月行经一次，连续出现两个周期以上者。月经周期延后7天以上，甚至3到5个月，并持续两个周期以上者，称为"月经后期"。月经先后不定期，是指月经提前7天以上或一月两至，或延后7天以上，并且连续3个周期以上的现象。月经周期基本正常，但经量较以往明显增多者（超过80毫升），称为月经过多。月经周期正常，经量减少或行经时间不足两天，甚至点滴即净，均称为"月经过少"（经量少于20毫升）。经期延长，即指月经周期正常，但行经时间超过7天甚至淋漓半月才干净者。两次月经中间出现周期性的少量阴道出血者为"经间期出血"。

[饮食原则] 月经不调常出现于贫血、体质虚弱的女性。经期血液易亏损，身体虚弱，宜吃一些小米、大枣、猪肝等补气补血的食物。提倡多吃一些含铁较多的食品，如动物肝脏、蛋黄、豆类等，以改善血虚现象。要适当增加维生素及微量元素的摄入，维生素B_6可以帮助减轻焦虑及忧郁，食物来源有瘦肉、全谷类等，维生素E能缓解经期腹痛，肿胀及肌肉痉挛等，食物来源有麦芽等。经期不宜过食辛辣香燥伤津和过食生冷寒凉食物，以免耗伤阴血，或热迫血行而致月经先期、经量过多，另外、经期要减少盐的摄入。

【对症食材推荐】

❶ 乌鸡 　滋阴补肾、养血调经，对各种月经不调症状均有疗效。

❷ 红枣 　补脾和胃、益气补血，对气血亏虚造成的月经量少、月经延迟均有食疗效果。

❸ 龙眼 　是药食两用的补血佳品，对血虚引起的月经量少、神疲乏力等症均有疗效。

❹ 芹菜 　清热除烦、凉血止血，适合血热引起的月经不调、经量过多、烦躁易怒者。

❺ 葡萄 　滋补肝肾、养血益气，主治阴虚亏虚引起的月经不规律者。

❻ 木耳 　凉血止血、滋阴生津，对各种原因引起的月经过多者均有食疗效果。

❼ 红糖 　益气补血、缓中止痛、活血化瘀，对月经不调、经期腹痛者有较好的改善作用。

❽ 米酒 　行气活血、滋阴补虚，对血瘀、血虚引起的月经不调者均有食疗效果。

【对症食疗搭配速查】

❶【乌鸡+龙眼】煮汤饮用,能滋阴养血,补体虚,对气血亏虚、月经不调者有良效。

❷【米酒+红枣+葡萄】榨汁服用,能补脾益气,活血养血,对月经不调者有极佳功效。

❸【木耳+芹菜】清炒食用,能凉血止血,清热除烦,对月经过多者有较好的食疗效果。

【对症药材推荐】

❶ 当归 | 补血活血、调经止痛,为补血调经第一药,各种月经不调者皆可服用。

❷ 益母草 | 活血化瘀、调经止痛,对女性月经不调、痛经、闭经等均有较好的疗效。

❸ 阿胶 | 滋阴润燥、补血止血,对血虚引起的月经过多、经期过长者有较好疗效。

❹ 五灵脂 | 活血、调经、止痛,对血瘀引起的月经颜色暗、小腹疼痛、经期紊乱者均有疗效。

❺ 肉桂 | 除积冷、通血脉,对寒凝血瘀引起的月经不调、经色暗黑、小腹冷痛者有良效。

❻ 川芎 | 川芎被誉为"血中气药",既能行气开郁,又能活血调经。

❼ 桃仁 | 破血行瘀、通经止痛,对月经不调、经期腹痛、月经色暗有血块者有良效。

❽ 红花 | 活血通经、化瘀止痛,适合血瘀型月经不调者服用,常与桃仁同用。

❾ 丹参 | 丹参活血化瘀、调经止痛,对血瘀引起的月经不调有疗效。

❿ 黄芪 | 补中益气,对气虚引起的月经过多、颜色淡、疲乏无力者有效。

⓫ 田七 | 活血散瘀、止血镇痛,治疗血瘀型月经过多者症。

⓬ 土鳖虫 | 性寒,能破血行瘀、续筋接骨,对血滞经闭、腹痛有疗效。

【对症方剂配伍速查】

❶【当归+黄芪+五灵脂】水煎服,可益气行血、调经止痛。对月经不调患者有益。

❷【阿胶+田七】水煎服,可补血止血、活血散瘀,对月经过多有良效。

❸【川芎+肉桂+益母草】水煎服,具有活血化瘀、温经散寒的功效。

痛经

[病症陈述] 痛经,又称经期疼痛,是指妇女在经期及其前后出现小腹或腰部疼痛,严重者可伴有恶心、呕吐、冷汗淋漓、手足厥冷,甚至昏厥的现象,是妇科病人最常见的症状。

[病症分析] 原发性痛经多指生殖器官无明显变化者,多见于青春期少女、未婚及已婚未育者,此种痛经在正常分娩后可缓解或消失。继发性痛经多因生殖器官有器质性病变所致,中医分为气滞血瘀证、寒凝胞中证、气血虚弱证、湿热壅阻证、肝肾阴虚证。

[饮食原则] 痛经者应合理营养,适当补充含维生素、微量元素类食品,如:维生素E有助于治疗痛经,维生素B_6能稳定情绪,减轻腹部疼痛。妇人经行前后及经期均不宜多吃过甜或过咸的食物,而应多选择蔬菜、水果、鸡肉、鱼肉等,并尽量少量多餐。因缺钙性贫血而引起的痛经的人,月经来时多由头痛或兼耳鸣、腹痛绵绵,宜补充铁剂、菠菜等具有矿物质食物。避免摄入含咖啡因、酒精等刺激性食物;行经期忌生冷食物,如冰镇冷饮、凉菜等,并减少盐的摄入。

【对症食材推荐】

❶ 乌鸡 滋阴补肾、养血调经,对月经不调、痛经、闭经等各种月经病均有疗效。

❷ 墨鱼  养血滋阴、温经通络、调经止血,对肝肾阴虚型痛经、经量少有很好的效果。

❸ 红枣 补脾和胃、益气补血,对气血虚弱引起的小腹空坠样隐痛者有良效。

❹ 荔枝 补肝肾、健脾胃、益气血,对气血亏虚引起的痛经者有疗效。

❺ 龙眼 补血调经,对血虚引起的月经色淡、小腹坠痛、神疲乏力等症均有疗效。

❻ 芹菜 性凉,具有清热除烦、平肝、利水消肿、凉血止血的作用。

❼ 葡萄  滋补肝肾、养血益气,对肝肾阴虚型痛经者有良好的效果。

❽ 木耳 凉血止血,对湿热壅阻引起的痛经伴烧灼感的患者有食疗效果。

❾ 红糖  益气补血、暖宫止痛、活血化瘀,对气血虚弱或寒凝胞中的痛经患者均有疗效。

❿ 羊肉  益气补虚、散寒祛湿,对寒凝胞中、虚寒腹痛、四肢冰冷者有很好的食疗效果。

⓫ 米酒 行气养血、滋阴补虚,对多种痛经患者均有良效。

【对症食疗搭配速查】

❶【乌鸡+红枣+龙眼肉】煮汤饮用,能滋阴补虚,补脾益气,对痛经具有一定缓解作用。

❷【墨鱼+木耳】清炒食用,能凉血止血,补益精气。对湿热壅阻所致痛经有一定疗效。

❸【山楂+荔枝+红糖】榨汁服用,能健脾胃,益气补血,对痛经具有一定缓解作用。

❹【葡萄+米酒】榨汁服用,能活血养血,补津益气。对血瘀所致痛经有疗效。

❺【羊肉+芹菜+生姜】煮汤饮用,能益气补虚,清热解毒,对痛经具有一定缓解作用。

【对症药材推荐】

❶ 当归   补血活血、调经止痛,为补血调经第一药,对痛经有佳效。

❷ 五灵脂   五灵脂活血化瘀、调经止痛,是治疗痛经、月经不调的常用药。

❸ 川芎   行气开郁、活血止痛,对气滞血瘀引起的痛经、经期乳房胀痛者有良效。

❹ 桃仁 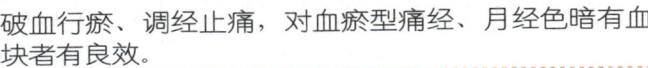 破血行瘀、调经止痛,对血瘀型痛经、月经色暗有血块者有良效。

❺ 吴茱萸   性微温,散寒暖宫,对寒凝胞宫、经期小腹冷痛者有很好的效果。

❻ 艾叶   温经散寒、止痛止血,对寒凝胞宫,经色暗、经量过多、小腹冷痛者有佳效。

❼ 红花   红花活血通经、化瘀止痛,可有效治疗血瘀型痛经。

❽ 山楂   活血化瘀、疏肝和胃,气滞血瘀,小腹胀痛或刺痛者有良效。

❾ 生姜 温中散寒,对寒凝胞中、小腹冷痛者有很好的改善作用。

【对症方剂配伍速查】

❶【红花+桃仁】水煎服,可活血化瘀、调经止痛。对血瘀所致闭经、痛经有疗效。

❷【五灵脂+川芎】水煎服,可行血活血、调经止痛。对气滞血瘀所致痛经有疗效。

❸【当归+吴茱萸+艾叶】水煎服,可行血活血、暖宫散寒、调经止痛,对寒凝血瘀、月经色暗、小腹冷痛者有疗效。

❹【山楂+生姜】水煎服,可行血活血、温经散寒,对虚寒性痛经有疗效。

带下过多

[病症陈述] 带下过多是带下量明显增多,色、质、气味异常,或伴有局部及全身症状的疾病。如经间期、经前期以及妊娠期带下稍有增多者,均属正常现象,不作疾病论。

[病因分析] 中医认为主要是由于湿邪影响任、带,以致带脉失约,任脉不固所形成。湿邪有内外之别,外湿指外感之湿邪;内湿,一般指脾虚失运,肾虚失固所致。超过了正常的生理范围,量明显增多,色、质、气味有所异常者,分泌物过多,或其颜色、质地、气味异常,并引起其他一些症状,如腰膝酸软、头晕乏力,或阴部瘙痒时,则为带下病。临床分为肾阳虚、脾虚、湿热下注、阴虚夹湿和热毒蕴结。

[饮食原则] 脾虚或肾亏所致带下量多、颜色清稀、气味如鱼腥味,伴有神疲乏力、腰膝酸软者,宜吃具有健脾、补肾、固涩,补气养血的温热性滋补强壮食品,如芡实、莲子、白术、山药、白果、白扁豆等,忌吃生冷瓜果以及性寒之物,以免破气耗气,加重带下过多症状。温热下注的实症,如带下黄臭、小便黄,或伴阴道瘙痒者,宜吃具有清利下焦湿热作用的,清淡性凉的食品,如绿豆、马齿苋、薏米、大蒜。忌吃辛辣刺激性物品,忌吃温热、滋腻、肥甘、煎炸食物。

【对症食材推荐】

❶ 莲子 健脾祛湿、止带下,对带下过多、色清、质稀或稠等有良好的改善效果。

❷ 薏米  健脾去湿、清热排脓,对湿热下注引起的带下黄臭、阴道瘙痒者有疗效。

❸ 马齿苋 清热解毒、消肿止痛,对湿热下注引起的带下过多、臭秽者有良效。

❹ 山药 健脾益气、止带下,适合带下量多,色白或黄、质稀,如涕如唾,无臭者食用。

❺ 白扁豆 健脾化湿,对脾虚型带下过多者有较好的食疗作用。

❻ 绿豆 清热解毒,对湿热下注引起的带下量多,色黄或呈脓性、质稠,有臭气者有良效。

❼ 大蒜 强力杀菌、解毒,对带下黄臭、阴道瘙痒者有良效。

❽ 芡实 益肾固精、健脾止带,对带下量多,质稀如水,淋漓不断者有较好的作用。

❾ 苋菜 清热解毒、利湿止带,辅助治疗湿热下注型带下过多症。

❿ 猪肚 益气补虚、健脾祛湿,对脾虚湿盛型带下过多者有良好的食疗作用。

【对症食疗搭配速查】

❶【莲子+山药+白扁豆】煮汤饮用,具有补脾除湿的功效,对脾虚型带下过多者有良效。

❷【芡实+莲子+薏米+绿豆】煮汤饮用,具有健脾利湿,清热解毒的功效。

❸【马齿苋+大蒜】清炒食用,具有清热解毒,强力杀菌的功效。

❹【猪肚+莲子+芡实】炖汤食用,具有健脾益气、化湿止带的功效。

【对症药材推荐】

❶金樱子　　　　性平,具有固精涩肠、缩尿止泻的功效。对带下过多患者有益。

❷五味子　　　　性温,具有敛肺、滋肾、生津、收汗、涩精的功效。

❸覆盆子　　　　性平,具有补肝肾、缩小便、助阳固精的功效。

❹白果　　　　性平,具有敛肺气、定喘咳、固肾止带下、缩小便等功效。

❺白术 　　　　性温,有健脾益气、燥湿利水、止汗、安胎的功效。

❻茯苓　　　　性平,具有利水渗湿、健脾补中、宁心安神的功效。

❼苍术 　　　　性温,具有燥湿健脾,杀菌止痒、止带下的功效。

❽陈皮 　　　　性温,具有理气、健脾、调中、燥湿、化痰的功效。

❾蒲公英 　　　　性寒,具有清热解毒、利尿散结的功效。对湿热引起的带下过多有疗效。

❿车前子 　　　　利水渗湿、清热解毒,对湿热下注引起的带下过多、色黄腥臭者有良效。

⓫龙胆草 　　　　性温,具有清热利湿、解毒止痒的功效,对湿热下注引起的带下过多、色黄臭秽者有较好的疗效。

【对症方剂配伍速查】

❶【五味子+覆盆子+金樱子】水煎服,具有补肝肾、固精涩精的功效。

❷【茯苓+白术+陈皮+白果】水煎服,具有健脾益气、燥湿化痰的功效。

❸【蒲公英+苍术】水煎服,具有清热除湿,发表的功效,对治疗带下过多有疗效。

急性乳腺炎

[病症陈述] 急性乳腺炎是妇女在哺乳期的乳房红肿、疼痛、排乳不畅的一种病症,俗称为"奶疖",多由妇女哺乳期乳房欠清洁,乳房受挤压或奶头破损所致。

[病因分析] 急性乳腺炎在中医上叫做"乳痈",多由乳汁淤积、肝胃郁热及感受外邪引起乳络不通,化热成痈而形成,分为急性单纯性乳腺炎和急性化脓性乳腺炎。急性单纯性乳腺炎,初期出现乳房胀痛,局部皮肤温度高,有压痛,有硬结。急性化脓性乳腺炎,发病前多有乳头皲裂破损及乳汁淤积不畅,起病时常有高热、寒战、全身无力、头痛等全身感染症状。

[饮食原则] 急性乳腺炎的饮食很重要,饮食宜清淡,首先肉类食品、新鲜蔬菜、水果都有温性、平性、寒性之分,不同的体质以及疾病的不同阶段有不同的适应性。味甘、淡、苦,性凉的蔬菜水果有清热除烦,解毒利湿的功效,如白萝卜、莲藕、薏米、绿豆、赤小豆、丝瓜、苦瓜、冬瓜、马齿苋等,对乳腺炎炎症发作期尤为适用。另外,乳汁不通、乳汁淤积所致的乳腺炎患者,要选择通乳汁的药材和食材,如通草、猪蹄、章鱼、丝瓜、木瓜等。患者要禁食油腻、高脂肪的食物;忌食辛辣油炸及刺激性食物;忌食海鲜河蟹等发物。

【对症食材推荐】

❶ 苦瓜 | 性寒,具有泻火解毒、提高机体免疫能力的功效,对急性乳腺炎有食疗作用。

❷ 马齿苋 | 性寒,具有清热解毒、消肿止痛的功效,对乳腺炎有独特的食疗作用。

❸ 绿豆 | 性凉,具清热解毒、利水消肿的食疗作用,乳腺炎患者可经常食用。

❹ 薏米  | 性微寒,可清热排脓,对急性化脓性疾病有良效。

❺ 丝瓜 | 性凉,清热解毒通便、通经络、行血脉、下乳汁,适宜急性乳腺炎的哺乳妇女。

❻ 赤小豆 | 性平,可消肿止痛、清热解毒,对湿热下注引起的急性乳腺炎有良效。

❼ 苋菜 | 清热利湿,凉血止血,对热毒性疾病均有食疗作用。

❽ 莲藕 | 性凉,具有清热止泻的功效,乳腺炎患者可经常食用。

❾ 猪蹄 | 性平,具有补虚弱、通乳汁等食疗作用,适合乳腺炎恢复期的哺乳妇女食用。

❿ 章鱼 | 性平,补虚弱、益气血、通乳汁,适合乳腺炎恢复期的哺乳妇女食用。

【对症食疗搭配速查】

❶【猪蹄+莲藕+苦瓜+丝瓜】清炒食用，具有清热解毒、通乳汁的功效，可辅助治疗乳腺炎。

❷【绿豆+赤小豆+薏米】煮汤饮用，具有利水消肿、清热排脓的功效，适合乳腺炎已患脓的患者食用。

❸【马齿苋+苋菜】清炒食用，具有清热解毒、凉血止血的功效。

【对症药材推荐】

❶ 蒲公英　　　性寒，具有清热解毒、利尿散结的功效。对乳腺炎有一定疗效。

❷ 鱼腥草　　　性寒，具有清热解毒、利尿消肿的功效。对急性乳腺炎有一定作用。

❸ 金银花　　　性寒，具有清热解毒的功效。对热毒、血痢、肿痛有疗效。

❹ 连翘　　　　性微寒，具有清热解毒、消肿散结等功效。对乳腺炎有疗效。

❺ 瓜蒌　　　　性寒，具有清热涤痰、宽胸散结、润燥滑肠等功效。

❻ 黄芩　　　　性寒，具有清热燥湿，泻火解毒，止血等功效。对治疗乳腺炎有一定作用。

❼ 大黄　　　　性寒，具有清湿热、泻火凉血、化瘀解毒的功效。

❽ 黄连　　　　性寒，具有泻火燥湿、解毒杀虫的功效。对热毒肿胀有一定疗效。

❾ 野菊花　　　性平，有疏风清热、解毒消肿等功效。对急性乳腺炎有疗效。

❿ 通草　　　　性平，有疏风清热、解毒消肿等功效。对急性乳腺炎有疗效。

⓫ 王不留行　　王不留行具有行气通乳的功效，常配伍清热解毒药治疗急性乳腺炎。

【对症方剂配伍速查】

❶【蒲公英+鱼腥草】水煎服，具有清热解毒、利尿散结的功效。

❷【黄芩+黄连+大黄】水煎服，具有泻火燥湿、凉血、解毒的功效。

❸【金银花+连翘+瓜蒌】水煎服，具有清热解毒、散结的功效。

❹【野菊花+蒲公英+通草+王不留行】水煎服，具有清热解毒、散结消肿、通乳的功效，对治疗哺乳期妇女发生急性乳腺炎有良效。

乳腺增生

[病症陈述] 乳腺增生是一种乳腺组织既非炎症也非肿瘤的异常增生性疾病，其本质是生理增生与复旧不全造成的乳腺正常结构的紊乱，乃女性常见的多发病之一。

[病因分析] 乳腺增生类属中医的"乳癖"范畴，多由精神情志刺激，急躁恼怒或日久抑郁，导致肝气郁结，气机阻滞，蕴结于乳房脉络，导致乳络不通，气滞痰凝血瘀而成。主要症状有乳房有包块或硬节，质地不硬，可移动，常伴有乳房胀痛症状。乳腺增生多发于30～50岁女性，发病高峰为35～40岁。女性朋友可自我检查乳房：左手上举或叉腰，用右手检查左乳，由乳头开始做环状顺时针方向检查，触摸时手掌要平伸，四指并拢，以指腹轻压乳房，触摸是否有硬块。

[饮食原则] 多吃蔬菜，水果。如花菜、西红柿、橘子、猕猴桃等，这些食物不仅含有多种维生素，而且含有抗癌和防止致癌物质亚硝基胺合成的物质，可预防乳腺增生癌变。宜多食含碘的食物，如海藻、海带、干贝、海参等，碘可以刺激垂体前叶黄体生成素，促进卵巢滤泡黄体化，从而使雌激素水平降低，恢复卵巢正常的机能，纠正内分泌失调，消除乳腺增生的隐患。多吃些菌类食物，如木耳、银耳等，能增强人体免疫能力，增强身体的抵抗力，有较强的防癌作用。忌食咖啡、可可、巧克力等食品，忌辛辣刺激性调味品，如花椒、胡椒、辣椒等；忌饮酒；忌油炸、烧烤食物；忌腌菜、熏肉等易致癌的食物。

【对症食材推荐】

❶ 金橘 | 性温，有行气解郁、散结消肿的作用，对乳房包块、经期乳房胀痛者有良效。

❷ 海带 | 性寒，可软坚散结，且富含碘，对乳腺增生者有食疗效果。

❸ 芋头 | 益脾胃，调中气，化痰散结，可改善乳房结块、疼痛症状。

❹ 紫菜 | 紫菜软坚散结、清热化痰，且富含碘，对乳腺增生者有疗效。

❺ 龙须菜 | 龙须菜消痰散结、清热利水，对乳腺增生、乳房肿痛者有良效。

❻ 蛤蜊 | 蛤蜊滋阴润燥、软坚化痰，常食对乳腺增生患者有食疗效果。

❼ 木耳 | 木耳可活血化瘀、消肿散结、防癌抗癌，适合乳腺增生患者食用。

❽ 橘子 | 橘子开胃理气、疏肝解郁、散结止痛，对乳腺增生患者有良效。

❾ 猕猴桃 | 疏肝解郁、清热生津，对肝气郁结引起的乳房胀痛、有结节者有食疗效果。

【对症食疗搭配速查】

❶【海带+紫菜+蛤蜊】煮汤饮用，具有软坚散结，化痰，降压的功效。

❷【芋头+龙须菜】煮汤饮用，可益脾胃，软坚散结，对乳腺增生患者有一定作用。

❸【金橘+橘子+猕猴桃】榨汁饮用，有疏肝理气，软坚散结的功效，对乳腺增生患者有一定作用。

【对症药材推荐】

❶ 柴胡 | 性微寒，疏肝解郁，对肝气郁结型乳腺增生者有疗效。

❷ 延胡索 | 性温，具有活血散瘀、行气止痛的功效，对气滞血瘀所致乳腺增生有疗效。

❸ 青皮 | 性微温，具有疏肝破气、散结消痰的功效，可复制治疗乳腺增生。

❹ 荔枝核 | 性温，具有理气止痛、驱寒散滞的功效，对肝气郁结所致乳腺增生有疗效。

❺ 莪术 | 性温，具有破血行气、消积止痛的功效，对气滞血瘀所致乳腺增生有疗效。

❻ 三棱 | 性平，破血行气、消积止痛，常与莪术配伍同用。

❼ 郁金 | 性凉，具有行气活血、疏肝解郁，对乳房胀痛、月经不调均有疗效。

❽ 昆布 | 性寒，具有消痰散结、利水消肿的功效，对乳腺增生有疗效。

❾ 苏木 | 性平，能活血疗伤、祛瘀通经、消肿止痛，对乳腺增生有疗效。

❿ 香附 | 香附为妇科良药，既能疏肝解郁，又能活血调经，是治疗乳腺增生的良药。

⓫ 川芎 | 川芎是足厥阴肝经的引经药，能活血化瘀、行气止痛，对乳腺增生有疗效。

【对症方剂配伍速查】

❶【柴胡+延胡索】水煎服，能和解表里，活血散瘀，对乳腺增生患者有一定作用。

❷【昆布+青皮+荔枝核】水煎服，能理气止痛、散结消痰，对乳腺增生患者有一定作用。

❸【莪术+三棱+苏木】水煎服，能破血行气，消积止痛，对乳腺增生患者有一定作用。

❹【香附+川芎+郁金】水煎服，能疏肝解郁、行气止痛、活血化瘀，对乳腺增生患者有一定作用。

阴道炎

[病症陈述] 引起女性阴道炎的病因主要是病原体的感染，自然防御能力低下，性生活不洁或月经期不注意卫生，手术感染，或盆腔或输卵管邻近器官发生炎症。

[症状分析] 临床症状主要表现为白带的性状改变以及外阴瘙痒灼痛、性交痛，当感染累及尿道，也可发生尿痛、尿急等症状。阴道炎在临床上可分为霉菌性阴道炎、细菌性阴道炎、滴虫性阴道炎、老年性阴道炎四种。

[饮食原则] 患者宜选用具有抗黏膜病变作用的中药材和食材，如：苋菜、马齿苋、荠菜、油菜等。阴道炎患者宜选用具有抗阴道滴虫作用的中药材和食材，如：白花蛇舌草、黄柏、败酱草、白鲜皮、苦参等。饮食宜清淡，忌食辛辣上火的食物，以免酿生湿热，加重病情。忌食海鲜等发物，忌辛辣、热性食物，如辣椒、胡椒、茴香、羊肉、狗肉等，以免助长湿热，加重外阴瘙痒症状。

【对症食材推荐】

❶ 油菜 | 性温，具有活血化瘀、消肿解毒，有抗黏膜病变的作用。

❷ 苋菜 | 性凉，能清热燥湿、凉血止血，对阴道炎有食疗效果。

❸ 马齿苋 | 性寒，具有清热解毒、消肿止痛的功效，对带下黄臭、阴道瘙痒者有疗效。

❹ 苦瓜 | 性寒，具有除烦、解毒，提高机体免疫能力的功效。

❺ 丝瓜 | 性凉，有清热解毒、祛风止痒等功效，对阴道炎患者有益。

❻ 赤小豆  | 性平，有抗菌消炎、解除毒素等食疗作用。对阴道炎患者有益。

❼ 薏米  | 性微寒，有利水消肿、健脾祛湿、清热排脓等功效，对阴道炎患者有食疗作用。

❽ 海带  | 性寒，具有清热解毒、散结消肿等功效。对阴道炎患者有益。

❾ 绿豆 | 性凉，具有清热解毒、利水消肿的食疗作用。对阴道炎患者有益。

❿ 香椿  | 性凉，具有清热解毒、杀虫止痒等功效，适合滴虫性阴道炎患者食用。

⓫ 荠菜  | 性凉，有健脾利水、止血解毒、降压明目、预防冻伤、促进排便的功效。

⓬ 大蒜 | 性温，具有强力杀菌的功效，常食可防治阴道炎、宫颈炎、盆腔炎等妇科疾病。

【对症食疗搭配速查】

❶【苦瓜+丝瓜】清炒食用,具有清热解毒的作用,适合阴道炎患者食用。

❷【苋菜+荠菜】清炒食用,具有健脾利湿,解毒杀菌的作用。

❸【赤小豆+薏米+绿豆】煮汤饮用,具有解毒燥湿的作用,适合湿热下注型阴道炎患者食用。

❹【油菜+马齿苋+香椿】清炒食用,具有消肿解毒、抗菌杀虫的作用。

【对症药材推荐】

❶鱼腥草		性寒,具有清热解毒、利尿消肿的功效。对阴道炎患者有益。
❷苦参		性寒,有清热、燥湿、杀虫的功效,治疗滴虫性阴道炎。
❸蛇床子		性温,具有杀虫止痒,祛风燥湿等功效。对阴道炎患者有益。
❹白花蛇舌草		性寒,具有清热解毒、杀虫止痒的功效。对阴道炎患者有益。
❺苍术		性温,具有燥湿健脾,祛风止痒的功效。对阴道炎患者有益。
❻黄柏		性寒,具有清热燥湿,泻火解毒等功效,治疗下焦湿热病症。
❼白鲜皮		性寒,具有祛风燥湿、清热解毒、杀虫止痒的功效。
❽土茯苓		性平,具有祛湿、清热解毒、通利关节的功效。
❾败酱草		性微寒,具有清热解毒,消痈排脓,祛瘀止痛的功效。
❿黄连		具有燥湿解毒、杀虫止痒的功效,对湿热下注引起的阴道瘙痒有良效。

【对症方剂配伍速查】

❶【鱼腥草+白花蛇舌草】水煎服,具有清热解毒,利水消肿作用,治疗细菌性阴道炎。

❷【苍术+黄柏+白鲜皮】水煎服,具有清热燥湿,解毒功效,可治疗滴虫性阴道炎症状。

❸【土茯苓+败酱草】水煎服,具有去湿解毒,消痈排脓的作用。

❹【黄连+黄柏+苦参+白鲜皮】水煎服,或煎水外洗,具有燥湿解毒,杀菌止痒的作用,对阴道炎有良效。

宫颈炎

[病症陈述] 宫颈炎为比较常见的妇科疾病，多发生于生育年龄的妇女。可分为单纯淋病奈瑟菌性宫颈炎、沙眼衣原体性宫颈炎、支原体性宫颈炎、细菌性宫颈炎。

[病因分析] 宫颈炎主要表现为白带增多，呈脓性，或有异常出血如经间期出血、性交后出血等，伴有腰酸及下腹部不适。宫颈炎的病原体在国内外最常见者为淋菌、沙眼衣原体及生殖支原体，其次为一般细菌，如葡萄状球菌、链球菌、大肠杆菌以及滴虫、真菌等。

[饮食原则] 饮食应注意营养，多食富含维生素、纤维素的食物，可增强身体免疫力，减少感染机会。保持饮食清淡，多饮水，多食蔬菜。多进食一些具有消炎抗菌作用的食物，如大蒜、马齿苋、油菜、苋菜、苦瓜等。忌辛辣刺激性食物，忌海鲜等发物以及羊肉、狗肉等燥热性食物，这些食物都会加重宫颈红肿、糜烂等炎症反应，影响病情恢复。

【对症食材推荐】

❶ 马齿苋　性寒，具有清热解毒、消肿止痛的功效。对病菌感染所致宫颈炎有疗效。

❷ 赤小豆　性平，有抗菌消炎、清热解毒等食疗作用。

❸ 绿豆　性凉，清热解毒、利水消肿的食疗作用。对宫颈炎患者有益。

❹ 黑木耳　性平，具有凉血止血，润肺益胃，通利肠道的功效。

❺ 苋菜　性凉，能清热利湿、凉血止血，适合宫颈炎、阴道炎患者食用。

❻ 丝瓜　性凉，有清暑凉血、解毒通便的作用。对宫颈炎患者有益。

❼ 大蒜　性温，具有强力杀菌，对宫颈炎、阴道炎均有食疗作用。

❽ 油菜　油菜具有抗黏膜病变的作用，可消炎杀菌，是阴道炎、宫颈炎患者的佳蔬。

【对症食疗搭配速查】

❶【马齿苋+苋菜+油菜】清炒食用，具有清热解毒，凉血止血的功效。

❷【赤小豆+绿豆】煮汤饮用，具有清热解毒、消炎止带的功效，对湿热型宫颈炎有食疗作用。

❸【黑木耳+大蒜】清炒食用，具有凉血止血，杀菌，通肠道的功效。

【对症药材推荐】

❶ 千里光  性寒，具有清热解毒，清肝明目的功效。对宫颈炎有一定疗效。

❷ 艾叶 性温，具有温经散寒、杀虫止痒的功效，对寒湿下注、带下清稀者有食疗作用。

❸ 苦参 性寒，有清热、燥湿、杀虫的功效。对宫颈炎有一定治疗作用。

❹ 重楼  性微寒，具有清热解毒、消肿止痛的功效。

❺ 黄药子 性寒，具有解毒消肿、化痰散结、凉血止血的功效。

❻ 海蛤壳  性寒，具有清肺化痰、软坚散结的功效。对宫颈炎患者有益。

❼ 雄黄 性温，具有解毒杀虫的功效，可促进创面的愈合。

❽ 乳香 性温，具有调气活血、镇痛消毒的功效。对宫颈炎有一定疗效。

❾ 没药 性平，有活血散瘀、止痛的功效。对宫颈炎患者有益。

❿ 冰片 性微寒，具有开窍醒神，清热止痛的功效。

⓫ 珍珠粉 性寒，具有镇心安神，解毒生肌的功效。对宫颈炎患者有疗效。

⓬ 黄连 性寒，有泻火燥湿、解毒杀虫的功效。对宫颈炎患者有益。

⓭ 血竭 性平，具有活血化瘀止痛，止血敛疮生肌的功效。

【对症方剂配伍速查】

❶【千里光+苦参+重楼】水煎服，具有解毒，消肿止痛的作用，可治疗宫颈炎。

❷【黄药子+黄酒】水煎服，具有消肿散结，化瘀止血的作用，对宫颈炎有疗效。

❸【海蛤壳粉+冰片】水煎服，具有消炎止痛的作用，对宫颈炎患者有一定疗效。

❹【乳香+没药】水煎服，能调气活血、散瘀止痛，对宫颈炎患者有效。

❺【艾叶】煎水，用药汁洗擦患处，能杀虫止痒，对宫颈炎有疗效。

❻【珍珠粉+苦参+重楼+艾叶】煎水，用药汁洗擦患处，能杀虫止痒，对宫颈炎有疗效。

胎动不安

[病症陈述] 胎动不安相当于现代医学的先兆流产，表现为妊娠期出现腰酸腹痛、胎动下坠、阴道少量流血等，经过安胎治疗多能继续妊娠。中医认为多由气虚、血虚、肾虚、血热、外伤等原因所致。

[症状分析] 胎动不安有以下四种类型。肾虚型：妊娠期腰酸腹坠，阴道下血，头晕耳鸣，尿频甚或失禁，舌淡、苔白，脉沉弱。血热型：胎动下坠，胎漏下血，色鲜红，心烦，手心烦热，咽燥口干，或有潮热，便秘尿黄，舌红、苔黄而干，脉滑数或弦滑。气血虚弱型：妊娠初期胎动下坠，阴道少量出血，色淡、质稀，神倦体乏，面色苍白，心悸，腰酸腰胀，舌淡、苔白，脉细滑无力。外伤型：跌伤闪腰，劳累，腰腹疼痛，胎动下坠，伴有阴道出血，神倦，舌淡、苔白，脉滑无力。

[饮食原则] 饮食宜清淡，营养丰富，如五谷、蔬菜、豆类、植物油等含有人体所必需的营养成分，而且易于消化和吸收，在怀孕早期可适量食用。饮食要多样化，不能偏食，蔬菜、鱼肉、水果、蛋等样样要吃，使人体有足够的能量及各种必需的维生素。胃肠虚寒的孕妇，慎服性味寒凉的食品，如绿豆、白木耳、莲子等；体质阴虚火旺者，慎服雄鸡、牛肉、狗肉、鲤鱼等易使人上火的食品。多食富含膳食纤维的食物，以加强肠胃蠕动功能，避免腹胀以及便秘，便秘的孕妇禁止用泻药通便，如大黄、番泻叶等易滑胎伤胎之药。

【对症食材推荐】

❶ 猪腰 | 性平，有补肾壮腰、益精固涩、利水消肿的功效。

❷ 猪肚 | 性微温，具有补虚损、健脾胃的功效。对胎动不安者有益。

❸ 乌鸡 | 性平，具有滋阴、补肾、养血、添精、益肝、退热、补虚的食疗作用。

❹ 鲤鱼  | 性平，具有健胃、滋补、催乳、利水之功效。

❺ 黑豆 | 性平，具有祛风去湿、调中下气、活血、解毒、利尿、明目等食疗作用。

❻ 莲子 | 性平，具有补脾止泻，益肾固精，养心安神的功效。

❼ 核桃 | 性平，具有补气养血，润燥化痰，温肺润肠的功效。

❽ 莲藕 | 性凉，具有滋阴养血的功效。对血虚所致胎动不安者有益。

❾ 山药 | 性平，具有补脾养胃、生津益肺、补肾涩精等功效。

【对症食疗搭配速查】

❶【猪腰+黑豆】煮汤饮用,具有补肾壮腰的作用,适用于胎动不安肾虚者食用。

❷【猪肚+莲子】煮汤饮用,具有健脾胃,益肾固精的功效。

❸【乌鸡+莲藕+核桃】煮汤饮用,具有滋阴养血,补肾的作用,适用于胎动不安血虚者食用。

❹【鲤鱼+山药】煮汤饮用,具有补脾养胃、利水安胎的功效。

【对症药材推荐】

❶菟丝子 | 性平,具有滋补肝肾、固精缩尿、安胎、明目、止泻的功效。

❷杜仲 | 性温,具有降血压、补肝肾、强筋骨、安胎气等功效。

❸桑寄生 | 性平,具有补肝肾、强筋骨、去风湿、通经络、安胎等功效。

❹续断 | 性微温,具有补肝肾、续筋骨、调血脉等功效。

❺阿胶 | 性平,具有滋阴润燥、补血、止血、安胎的功效。

❻白术 | 性温,有健脾益气、燥湿利水、止汗、安胎的功效。

❼砂仁 | 性温,具有行气调中、和胃醒脾的功效。对胎动不安者有益。

❽黄芩 | 性寒,具有清热燥湿,泻火解毒,止血,安胎等功效。

❾艾叶 | 性温,具有温经散寒、止痛止血的功效。对胎动不安者有益。

❿苏梗 | 性温,具有理气宽中,止痛,安胎的功效。

【对症方剂配伍速查】

❶【菟丝子+桑寄生+杜仲】水煎服,治疗肾虚胎动不安、胎漏下血。

❷【艾叶+苏梗+白术】水煎服,治疗胎元虚寒引起的胎漏下血。

❸【阿胶+砂仁】水煎服,治疗血虚引起的胎动不安。对患者有疗效。

❹【黄芩+白术】水煎服,治疗血热引起的胎动不安。对患者有一定疗效。

产后缺乳

[病症陈述] 产后哺乳期,产妇乳汁偏少或完全无乳,称之为缺乳。先天发育不良、精神紧张、劳逸失度、营养状况或哺乳方法不对都可影响乳汁分泌,而致缺乳。

[病因分析] 中医认为,乳汁生化不足或乳络不畅是缺乳的主要原因,临床常分为肝郁气滞、气血虚弱、痰浊阻滞。对于乳汁不畅引起的乳房肿胀而导致乳汁不足者,宜先通乳,后给予催乳。

[饮食原则] 产后缺乳的妇女应摄入足够的热量和水分,多食各种富有营养且易消化的食物,如猪蹄、鲫鱼等。肝郁气滞、心情不畅的产妇,应选用疏肝解郁、通络下乳的药材和食物,如通草、王不留行、猪蹄、鲫鱼、虾仁、香附等。气血虚弱的缺乳产妇,应选择益气养血、补虚通乳的药材和食物,如当归、黄芪、猪蹄、虾仁、赤小豆、鲫鱼等。痰湿阻滞型缺乳患者,应选择健脾化湿的药材和食物,如通草、鲫鱼、赤小豆、莴苣等。饮食宜清淡,忌食甜食,如蛋糕、果糖、巧克力等。忌服用麦芽、神曲、大麦等具有回乳作用的食物或药材。

【对症食材推荐】

❶ 猪蹄 性平,具有补虚弱、下乳汁的作用,是产后缺乳患者的理想食材。

❷ 木瓜 性平,具有健脾和胃、丰胸通乳的功效。对产后缺乳患者有作用。

❸ 虾仁 性平,具有补肾、壮阳、通乳之功效,可治产后乳少、阳痿体倦患者食用。

❹ 鲫鱼 性平,具有补阴血、通血脉、补体虚的功效。

❺ 丝瓜 性凉,有清暑凉血、通经络、行血脉、下乳汁等功效。

❻ 赤小豆 性平,滋补强壮、健脾养胃、帮助下乳等食疗作用,对产后缺乳有良效。

❼ 莴苣 性凉,具有促进乳汁分泌的作用,适合产后缺乳的患者食用。

❽ 花生 性平,有健脾胃、通乳汁的功效,适合产后缺乳患者食用。

❾ 章鱼 性寒,具有补气养血、通乳的作用,对产后气血亏虚所致缺乳疗效显著。

❿ 红枣 性温,具有补中益气、养血补虚,适合产后气血亏虚的缺乳产妇食用。

⓫ 莲藕 性凉,具有滋阴养血、丰胸、通乳的功效,适合缺乳患者食用。

【对症食疗搭配速查】

❶【猪蹄+花生】煮汤饮用,具有养血通乳的功效。对产后缺乳者有益。

❷【章鱼+猪蹄】煮汤饮用,具有补血养血,通乳的功效。

❸【木瓜+猪蹄】煮汤饮用,具有通乳、美容、丰胸的作用,对产妇乳汁不行、缺乳等有显著的食疗功效。

❹【红枣+莲藕+猪蹄】煮汤饮用,具有补血、活血、通乳,对气血不足导致的缺乳有很好的食疗作用。

【对症药材推荐】

药材		功效
❶通草		性凉,具有泻肺、利小便、下乳汁的功效。
❷王不留行		性平,具有活血通经,下乳消肿的功效。对产后缺乳者有益。
❸穿山甲		性微寒,具有通经下乳,消肿排脓的功效。
❹黄芪		性温,有补气固表、利尿脱毒、排脓敛疮、生肌等功效。
❺当归		性温,具有补血活血、调经止痛、润燥滑肠的功效。
❻漏芦		性寒,具有清热解毒,消痈下乳,疏经通脉的功效。
❼丝瓜络		性平,具有通络、活血、祛风的功效。对产后缺乳者有益。
❽党参		性平,能补中益气、健脾益肺,对气血不足所致缺乳者有益。
❾川芎		能行气止痛、活血化瘀,对脉络瘀阻,乳汁不通的产妇有疗效。
❿香附		能疏肝解郁、行气止痛,对肝气郁结、乳汁不下者有较好的疗效。

【对症方剂配伍速查】

❶【通草+丝瓜络】水煎服,具有通络活血、下乳的功效。

❷【王不留行+穿山甲】水煎服,具有通经下乳的功效,适用于肝郁气滞、心情不畅的产妇。

❸【黄芪+当归+川芎+香附】水煎服,具有补血行气,活血化瘀的功效,适合气血虚弱的缺乳产妇。

❹【当归+通草+穿山甲+漏芦】水煎服,具有补血通乳,的功效,适合缺乳的产妇服用。

产后恶露不绝

[病症陈述] 产后（一般指顺产）血性恶露持续3周以上，仍淋漓不止者，称之为"产后恶露不绝"，相当于西医的晚期产后出血、产后子宫复旧不全。

[病因分析] 中医认为，此病多因冲任失和，气血运行不畅所致，临床以气虚、血热、血瘀为多见。西医学认为产后恶露不绝多因产道损伤、子宫复旧不全所致。产妇产后恶露不绝时，消炎清宫是主要方法。

[饮食原则] 产后患者身体多虚弱，因此饮食要保证营养全面，多食高蛋白食物，如瘦肉类、鱼类、蛋类、奶类，还要摄入足够的新鲜蔬菜、水果，有利于身体的恢复。产后气虚型恶露者应多摄入具有补益气血的药材和食物，如当归、黄芪、党参、大枣、龙眼肉、乌鸡等。产后血热型恶露不绝者应选用凉血止血的药材和食材，如生地、紫草等。产后血瘀型恶露不绝者应选用活血化瘀的药材和食材，如田七、丹参、当归、益母草、川芎、红糖等。

【对症食材推荐】

❶ 乌鸡 性平，具有补肾养血、退热补虚的食疗作用，适合产后体虚者食用。

❷ 米酒 性温，有活血养血、滋阴补肾的作用。对产后恶露不绝患者有益。

❸ 黄鳝 性温，具有补气养血、活血化瘀等食疗作用，适合血瘀型恶露不绝者食用。

❹ 土鸡 性温，具有补肝肾，止惊安胎的功效。对产后恶露不绝患者有益。

❺ 马齿苋 性寒，具有清热解毒、消肿止痛的功效。对产后恶露不绝患者有益。

❻ 莲藕 性凉，具有清热止血的功效，适合血热型产后恶露不绝者食用。

❼ 木耳 性平，具有凉血止血、润肺益胃、通利肠道的功效。

❽ 红糖  性温，具有益气补血、缓中止痛、活血化瘀的作用。

❾ 山楂 性微温，具有活血化瘀、抗癌等作用。对产后恶露不绝者有疗效。

❿ 鸡蛋  性平，具有益精补气、润肺利咽、清热解毒的功效。

⓫ 大枣 性温，具有补中益气、养血安神的功效。对产后恶露不绝者有益。

⓬ 龙眼肉 性温，具有补脾养血、养心安神的功效。对产后恶露不绝者有益。

【对症食疗搭配速查】

❶【乌鸡+莲藕】煮汤饮用,具有滋阴养血的作用。对产后恶露不绝所致血虚有益。

❷【米酒+鸡蛋】煮汤饮用,具有活气养血,滋阴养颜的作用。

❸【山楂+木耳+土鸡】煮汤饮用,具有凉血,补肝肾的作用,适合血热型恶露不绝者食用。

❹【马齿苋+鳝鱼】煮汤饮用,具有补气养血的作用。对产后恶露不绝患者有食疗效果。

【对症药材推荐】

❶ 黄芪　　　性温,有益气补虚、排脓敛疮、生肌等功效,对气虚所致恶露不绝者有效。

❷ 党参 　　　性平,具有补中益气、健脾益肺的功效,对气血虚所致恶露不绝者有效。

❸ 当归 　　　性温,具有补血活血、调经止痛的功效,对血虚型恶露不绝者有益。

❹ 生地 　　　性微寒,具有清热凉血、养阴生津的功效,对血热所致恶露不绝者有益。

❺ 紫草 　　　性寒,具有活血凉血、解毒透疹的功效,对产后恶露不绝者有益。

❻ 川芎 　　　性温,具有行气开郁、活血止痛的功效,对产后恶露不绝者有益。

❼ 益母草 　　　性凉,具有活血化瘀、调经利水的功效,对产后恶露不绝者有益。

❽ 田七　　　性温,具有止血散瘀、消肿镇痛的功效,对产后恶露不绝者有益。

❾ 丹参 　　　性微温,具有活血化瘀、排脓止痛的功效,对血瘀型产后恶露不绝有良效。

❿ 延胡索 　　　性微温,具有活血化瘀、行气止痛的功效,对血瘀型产后恶露不绝有良效。

⓫ 五灵脂 　　　性微温,具有活血化瘀、调经止痛的功效,对产后腹痛、恶露不绝有良好的效果。

【对症方剂配伍速查】

❶【黄芪+党参+丹参】水煎服,具有补脾益气的作用,适合产后气虚型恶露者食用。

❷【当归+川芎+益母草】水煎服,具有活血止痛,调经的作用,适用于产后血瘀型恶露不尽者。

❸【生地+紫草+田七】水煎服,具有凉血止血、化瘀调经的作用,适用于产后血瘀型恶露不尽者。

更年期综合征

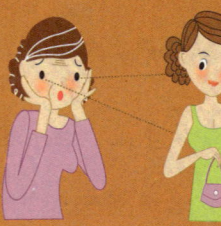

[病症陈述] 更年期是指妇女从生育期向老年期过渡的一段时期，是卵巢功能逐渐衰退的时期。绝经是重要标志。在此期间，因性激素分泌量减少，出现以自主神经功能失调为主的症候群。

[病因分析] 部分妇女在更年期间会出现一些与性激素减少有关的特殊症状，如早期的潮热、出汗、情绪不稳定、易激动等，晚期因泌尿系统生殖道萎缩而发生的外阴瘙痒、阴道干痛、尿频急、尿失禁、反复膀胱炎等，以及一些心理或精神方面的非特殊症状，如倦怠、头晕、头痛、抑郁、失眠等。此外，心脑血管方面容易患高血压、高血脂、冠心病等疾病；骨科方面，容易患骨质疏松、骨质增生等病。

[饮食原则] 更年期综合征患者饮食宜清淡，控制热量和脂肪的摄入。摄入过多热量和脂肪会引起肥胖，而肥胖又会导致糖代谢异常，而增加心脑血管疾病的发病率。补充高质量蛋白质，增加钙质，包括瘦肉、乳类、禽类、蛋类、豆类等，可防治骨质疏松。少吃动物性脂肪，适当食用植物油，如菜籽油、葵花籽油等。任何一种维生素都不可缺少，应多吃新鲜水果、蔬菜。限制食盐的摄入；忌食辛辣刺激性食物，如烟酒、咖啡、浓茶以及辣椒、胡椒粉等。限制热量和脂肪的摄入，这些食物会增加更年期患者心脑血管疾病的发病率。

【对症食材推荐】

❶ 小麦 小麦能养心神、敛虚汗、除热止渴，对更年期综合征有很好的疗效。

❷ 核桃 性平，具有补气养血、润燥化痰、温肺润肠的功效。

❸ 桂圆 性温，强体魄，延年益寿，安神健脑长智慧，开胃健脾，补体虚的功效。

❹ 黑豆  性平，具有祛风去湿、调中下气、活血、解毒、利尿、明目等食疗作用。

❺ 莲藕 性凉，具有清心醒脾、安神明目的功效，对更年期心烦失眠者有良效。

❻ 黄花菜 性微寒，有清热解毒、疏肝解郁的功效，可缓解更年期症状。

❼ 黄豆 性平，可以调节女性体内的激素水平，改善更年期症状。

❽ 韭菜 性温，能温肾助阳、益脾健胃，可改善性欲冷淡，对更年期女性有益。

❾ 乌鸡 性平，具有滋阴补肾、养血添精、退热补虚的食疗作用，适合更年期女性食用。

❿ 乳鸽  性平，具有补肾养血、增强性欲的功效，适合更年期性欲冷淡的女性食用。

【对症食疗搭配速查】

❶【乌鸡+黄花菜】煮汤饮用,具有滋阴养血、疏肝解郁的作用。

❷【黄豆+黑豆】煮汤饮用,可补肾养巢,改善女性体内的激素水平,改善更年期症状。

❸【韭菜+莲藕】煮汤饮用,具有壮阳行气、滋阴养血的作用。

【对症药材推荐】

❶ 浮小麦 性凉,具有止汗、益气、除热的功效。对更年期综合征有益。

❷ 大枣 性温,具有补中益气、养血安神、缓和药性的功效。

❸ 甘草 性平,有补脾益气、清热解毒、缓急止痛等功效。

❹ 百合 性平,具有润肺止咳、清心安神的功效。对更年期综合征有疗效。

❺ 生地 性微寒,有清热凉血、养阴、生津的功效。

❻ 熟地 性微温,有滋阴补血、益精固髓的功效。对更年期综合征有一定疗效。

❼ 枸杞 性平,具有滋补肝肾、抗衰老、延年益寿的功效。

❽ 莲子 性平,具有补脾止泻、益肾固精、养心安神的功效。

❾ 黄精 性平,有补气养阴、健脾、润肺、益肾的功效。

❿ 酸枣仁 性平,具有养肝、宁心安神、敛汗的功效。对更年期综合征有疗效。

⓫ 海参 性平,具有降火滋肾、通肠润燥的功效,对肝肾阴虚型更年期综合征患者有疗效。

⓬ 菟丝子 性平,具有滋补肝肾、改善性欲的功效,对肾阳亏虚型更年期女性有疗效。

【对症方剂配伍速查】

❶【浮小麦+大枣+甘草+酸枣仁】水煎服,具有补脾益气,清热作用,改善潮热、出汗、情绪不稳定、易激动等症状。

❷【百合+生地+熟地+莲子】水煎服,具有养阴补肾、清热凉血的作用,可改善阴虚烦热、失眠等症状。

❸【熟地+海参+黄精】水煎服,具有滋阴补肾的作用,可改善阴虚潮热盗汗、烦躁易怒等症状。

卵巢早衰

[病症陈述] 卵巢早衰是指卵巢功能衰竭所导致的40岁之前就出现闭经的现象。特点是原发性或继发性闭经伴随血促性腺激素水平升高和雌激素水平降低，并伴有不同程度的一系列低雌激素症状。

[病因分析] 中医认为，肾虚是卵巢早衰的最主要的因素，补肾是治疗此病的基本原则，且重在调补肾阴和肾阳。卵巢早衰的主要症状有：闭经、不孕、潮热盗汗、阴道干涩萎缩、性欲减退、性交困难等。

[饮食原则] 患者宜选择高蛋白、高维生素、低脂肪、低胆固醇、低盐的食物。宜选用对卵巢功能的生理性周期调节有益的食品，如鲍鱼、海参、鹌鹑、鸽子、乌鸡、墨鱼、章鱼等。多摄取β-胡萝卜素，食用胡萝卜、橙类的水果以及红薯、哈密瓜、南瓜、西红柿等"有色"蔬果，可显著减少卵巢疾病的发病率。多摄取高钙食物，如虾皮、海米、牛奶、海带、豆制品等，多食B族维生素、叶酸、铁、钙等含量高的食物，如鸡蛋、猪肝、豆类、新鲜蔬菜、蘑菇、木耳、海带、紫菜、鱼类等。

【对症食材推荐】

❶ 大豆 | 大豆中所含的植物雌激素，可以调节女性体内的激素水平，常食可防治卵巢早衰。

❷ 黑米 | 性平，具有滋阴补肾、益气强身、养巢抗衰的食疗作用。

❸ 乌鸡 | 性平，具有滋阴补肾、养血添精、补虚的食疗作用。

❹ 燕窝 | 性平，具有养阴、润燥、益气、补中、养颜的功效，适合卵巢早衰的患者食用。

【对症食疗搭配速查】

【乌鸡+大豆+黑豆】煮汤饮用，具有健脾去湿、滋阴补肾的作用。

【对症药材推荐】

❶ 枸杞 | 性平，具有滋补肝肾、抗氧化、抗衰老的功效。

❷ 熟地  | 性温，具有滋阴补血、益精固髓的功效，适合肾阴亏虚的卵巢早衰患者食用。

❸ 首乌 | 性微温，具有补肝益肾、养血祛风的功效，可防治卵巢早衰。

【对症方剂配伍速查】

【熟地+首乌+枸杞】水煎服，具有滋阴补血、滋补肝肾的作用。

第6章
儿科疾病对症食疗速查

● 儿科疾病指的是儿童易患的疾病，这里说的儿童包括新生儿（从出生后脐带结扎开始，至生后满28天）、婴儿（出生28天后至1周岁）、幼儿（1周岁后至3周岁）、学龄前期（3周岁后至7周岁）、学龄期（7周岁后至青春期来临，一般女12岁，男13岁）。小孩脏腑娇嫩，机体的抵抗力也较差，所以容易发病，并且变化迅速，所以要积极治疗，不能怠慢。

常见的儿科疾病有：小儿发烧、小儿流涎、小儿厌食、小儿腹泻、小儿遗尿、小儿惊风、小儿夜啼、小儿夏热、小儿汗症、小儿黄疸、小儿痱子、小儿疳积、小儿腮腺炎、小儿发育迟钝、小儿单纯性肥胖、小儿百日咳、小儿口疮等。

小儿流涎

[病症陈述] 小儿流涎就是指小儿流口水。3～6个月的婴儿唾液腺发育逐渐完善，唾液分泌增多，当乳牙萌出时，刺激三叉神经使唾液分泌增加而流涎，属于正常的生理现象。

[病因分析] 孩子超过7个月后还流涎，应考虑是病理现象，多是因为脾胃虚弱不能摄纳津液所致。小儿流涎多由于口腔、咽狭部黏膜发生炎症以及口腔受药物刺激，或咽后壁脓肿等因素导致唾液分泌增多，经常流出口外。中医常认为是脾胃虚弱或脾胃湿热引起的。

[饮食原则] 选择益智仁、桑白皮、黄芩、山药、白术、芡实等可减少唾液分泌的药材；宜食健脾胃、清湿热的食物，如猪肚、薏米、小米、苹果、绿豆、西瓜等。忌食酸性刺激唾液分泌的食物。

【对症食材推荐】

❶ 猪肚 | 具有补虚损、健脾胃的功效，能增强脾胃功能，可用于小儿脾虚引起的流涎症。

❷ 薏米 | 有健脾祛湿等功效，可用于小儿脾虚夹有湿热引起的流涎症。

❸ 小米 | 健脾和胃、补益虚损、除热解毒，可用于脾胃虚弱引起的小儿流涎症。

❹ 绿豆 | 清热消暑、利水解毒，可用于脾胃湿热引起的小儿流涎症。

【对症食疗搭配速查】

【猪肚+薏米+小米】煮汤食用，可健脾益胃、清热祛湿，可用于小儿流涎症。

【对症药材推荐】

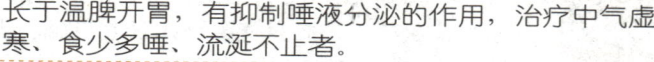

❶ 益智仁 | 长于温脾开胃，有抑制唾液分泌的作用，治疗中气虚寒、食少多唾、流涎不止者。

❷ 山药 | 补脾养胃、生津益肺、补肾涩精，可用于小儿流涎症。

❸ 白术 | 健脾益气、燥湿利水、止汗、安胎，可用于脾虚食少、小儿流涎等症。

❹ 芡实 | 具有益肾固精、补脾止泻、祛湿止带的功能，可用于小儿流涎症。

【对症方剂配伍速查】

【益智仁+白术+山药+芡实】水煎服，有调和脾胃、减少唾液分泌的功效，适用于小儿流涎。

小儿发热

[病症陈述] 小儿发烧是指当小儿发热，温度在39.1～41℃。小儿正常体温常以肛温36.5～37.5℃，腋温36～37℃衡量，若腋温超过37.4℃，且一日间体温波动超过1℃以上，即为发热。

[病因分析] 引起孩子发烧的原因最常见的是呼吸道感染，如上呼吸道感染、急性喉炎、支气管炎、肺炎等；也可以由于小儿消化道感染，如肠炎、细菌性痢疾引起；泌尿系感染、中枢神经系统感染、麻疹、水痘、幼儿急疹、猩红热等也可以导致发烧。

[饮食原则] 饮食宜富有营养，如鲜鱼、瘦肉、牛奶、豆浆、蛋品等；发热期间多饮水，多食解热的食物，如甘蔗、苦瓜、丝瓜等。忌食油腻、油炸、辛辣之食品，气虚血亏者还忌食生冷及寒凉性食物。

【对症食材推荐】

❶ 西瓜 | 具有生津止渴、清热解暑的作用，对小儿发热患者有一定的解热作用。

❷ 苦瓜 | 可清热解暑、明目解毒，家长可把苦瓜榨成汁，给发热小儿饮用。

❸ 绿豆 | 具有清热解毒、利水消肿的功效，可用于小儿发热患者。

❹ 雪梨 | 具生津润燥、清热化痰之功效，小儿发热患者食之可解热。

【对症食疗搭配速查】

【西瓜+雪梨】 榨汁饮用，可清热解暑、生津止渴，小儿发热患者可饮用。

【对症药材推荐】

❶ 知母 | 知母具有清热泻火、生津润燥的功能，可用于外感热病，高热烦渴等实热病症。

❷ 栀子 | 泻火除烦、清热利湿、凉血解毒，可治热病心烦、肝火目赤等症。

❸ 黄芩 | 有清热燥湿，凉血安胎，解毒功效。主治温热病，肺热咳嗽，高热等症。

❹ 金银花 | 金银花宣散风热，善清解血毒，用于各种热性病，如身热发斑、咽喉肿痛等症。

【对症方剂配伍速查】

【金银花+栀子+黄芩+知母】 水煎服，可泻火除烦、清热解毒，可治小儿夏季热。

小儿腹泻

[病症陈述] 小儿腹泻是各种原因引起的以腹泻为主要症状的胃肠功能紊乱综合征。轻微腹泻病儿精神较好,无发热和精神症状;严重腹泻大多伴有发热、烦躁、精神萎靡、嗜睡等症状。

[病因分析] 常见病因为:①非感染性因素,包括小儿消化系统发育不良,对食物的耐受力差,不能适应食物质和量的较大变化;气候突然变化,小儿腹部受凉使肠蠕动增加或因天气过热使消化液分泌减少,因而诱发腹泻。②感染性因素是指由多种病毒、细菌、真菌、寄生虫引起的,可通过污染的日用品、手、玩具或带菌者传播。小儿腹泻发病年龄多在2岁以下。1岁以内者约占50%。

[饮食原则] 治疗小儿腹泻,主要从抑制致病菌、健脾祛湿、涩肠止泻着手,临床上常用的中药材和食材有:白术、芡实、肉豆蔻、白扁豆、陈皮、薏米、山药、猪肚、苹果等。慎食含有维生素的水果和蔬菜,如菠萝、柠檬、梨、柑橘、白菜、竹笋、洋葱、辣椒等;慎食胀气、不易消化的食物,如板栗、葵花子、豆类等;慎食蛋白质和脂类食物,如肥肉、动物内脏、猪油、蛋类等。慎食滑肠通便的食物,如香蕉、蜂蜜、牛奶、酸奶等。

【对症食材推荐】

❶ 猪肚 补虚损、健脾胃,治虚劳羸弱、泄泻、下痢、消渴、小便频数、小儿疳积

❷ 山药 补脾养胃、生津益肺、补肾涩精,可用于脾虚食少、小儿久泻不止等症。

❸ 苹果 可调理肠胃,有助纤维物的排泄,对腹泻也有收敛作用。

❹ 土豆 缓急止痛、通利大便,做成土豆泥食用可缓解小儿腹泻症状。

❺ 薏米 是缓和的清热祛湿之品,中医常用其来治疗脾虚腹泻等病症。

❻ 赤小豆 能健脾利湿、散血、解毒,可用于治疗腹泻。

❼ 莲子 清心醒脾、补脾止泻,可用于脾虚久泻、大便溏泄等症。

❽ 马齿苋 有清热解毒、祛湿止带功效,可用于湿热泄泻、痢疾等。

❾ 苋菜 苋菜具有清热利湿、凉血止血、止泻止痢的功效。

❿ 芡实 芡实具有健脾补肾、涩肠止泻的功效,适合小儿久泻不愈者食用。

【对症食疗搭配速查】

❶【赤小豆+薏米】煮汤食用,可健脾利湿、清热止泻,治湿热腹泻。

❷【猪肚+莲子】煮汤食用,能益气健脾、涩肠止泻,可治疗脾虚久泻。

❸【山药+苹果】蒸熟,做成泥食,可调理肠胃,缓和腹泻症状。

❹【马齿苋+苋菜】切碎,做成菜泥喂给小儿食用,可治疗小儿湿热急性腹泻。

【对症药材推荐】

❶ 白术 健脾益气、燥湿利水,可用于脾虚食少、腹胀泄泻等症。

❷ 芡实 有收敛固精等功效,适用于慢性泄泻。

❸ 白扁豆 有和胃化湿、健脾利水、清暑止泻的功效。

❹ 肉豆蔻 可温中涩肠、行气消食,主治虚泻、冷痢、脘腹胀痛等症。

❺ 茯苓 具有健脾去湿的功效,可治湿热泄泻。

❻ 黄连 清热燥湿、泻火解毒,用于湿热内蕴、肠胃湿热、呕吐、泻痢等症。

❼ 白头翁 具有清热解毒,凉血止泄,燥湿杀虫的功效。

❽ 厚朴 具有行气消积、燥湿除满、降逆平喘的功效,可治腹泻。

❾ 陈皮 理气开胃、燥湿化痰,可用于便溏腹泻。

❿ 砂仁 理气和中、化湿止泻、止呕,可治疗小儿暑热腹泻、呕吐。

⓫ 石榴皮  具有收敛固涩、涩肠止泻的作用,可治疗慢性腹泻。

【对症方剂配伍速查】

❶【白术+茯苓+芡实】水煎服,能健脾祛湿,可治慢性腹泻、湿热型腹泻等症。

❷【白扁豆+肉豆蔻+砂仁】水煎服,可和胃化湿、清暑止泻,治疗久泻久痢。

❸【黄连+白头翁】水煎服,可清热解毒、凉血止泻,对湿热或热毒引起的小儿腹泻有很好的疗效。

小儿厌食

[病症陈述] 小儿厌食症是指小儿较长时期（2个月以上）见食不贪、食欲不振，甚至拒食的一种常见病症。如果长期得不到矫正，会引发营养不良和发育迟缓、畸形。

[病因分析] 以下原因可引发小儿厌食症：①不良的饮食习惯，过多地吃零食打乱了消化活动的正常规律，会使小儿没有食欲，吃饭时不专心，对进食缺乏兴趣和主动性；②饮食结构不合理，主副食中的肉、鱼、蛋、奶等高蛋白食物多，蔬菜、水果、谷类食物少，冷饮、冷食、甜食吃的多。

[饮食原则] 宜选用含锌、钾量丰富的中药材和食材，如茯苓、黄芪、山药、莲子、花生、芝麻、虾、紫菜、海带、板栗、芹菜、苹果等；宜食具有开胃消食的药材和食材，如鲫鱼、猪肚、山楂、苹果等。应少食冰激凌、碳酸饮料、奶油、蛋糕、糖果等零食。

【对症食材推荐】

❶ 鲫鱼 具有和中补虚、温胃进食、补中生气之功效，可增强小儿食欲。

❷ 猪肚 具有补虚损、健脾胃的功效，能增强脾胃功能，促进小儿进食。

❸ 苹果 具有生津止渴、益脾止泻、和胃降逆的功效，适宜小儿厌食症患者食用。

❹ 山楂 可健胃消食、活血化瘀，小儿厌食症患者适宜食之。

【对症食疗搭配速查】

【猪肚+苹果+山楂】煮汤食用，可健脾开胃，可用于小儿厌食症。

【对症药材推荐】

❶ 鸡内金 消食健胃，可以促进胃液分泌，使胃运动功能明显增强，胃排空加快。

❷ 神曲 健脾消食、理气化湿、解表，可治小儿厌食症。

❸ 砂仁 化湿开胃、温脾止泻，适宜小儿厌食症患者服用。

❹ 薏米 有健脾去湿、利水消肿等功效，有助于促进小儿进食。

【对症方剂配伍速查】

【神曲+鸡内金+砂仁】将神曲、鸡内金研成粉末，兑水冲服，治疗小儿厌食症，亦有良效。

小儿夜啼

[病症陈述] 婴儿白天能安静入睡,入夜则啼哭不安,时哭时止,或每夜定时啼哭,甚则通宵达旦,称为夜啼。多见于新生儿及6个月内的小婴儿。中医认为常因脾寒、心热、惊骇、食积而发病。

[病因分析] 小儿夜啼多因脾胃虚寒、心热受惊、惊骇恐惧、乳食积滞等原因所致,因此治疗宜因证而异,脾胃虚寒者宜散寒暖胃;心热受惊者宜清心安神;惊骇恐惧者宜安神定惊;乳食积滞者宜消食化积。

[饮食原则] 患者宜选择脾胃虚寒的夜啼小儿宜选用具有温中健脾的药材,如艾叶、干姜、肉桂、丁香等药材;心热受惊的小儿应选用清热安神的药材,如消食导滞作用的食物,如苦瓜、甘蔗、梨、百合、莲子、丝瓜等食物;乳食积滞引起的小儿夜啼宜选择消食化积的药材和食物,如炒谷芽、炒麦芽、神曲、山楂、莱菔子、萝卜等。

【对症食材推荐】

❶ 丝瓜 | 有清凉、利尿、活血、通经、解毒之效,可用于小儿夜啼患者。

❷ 西瓜 | 清热解暑、除烦止渴、降压美容、利水消肿,可用于心热受惊所致的小儿夜啼。

❸ 百合 | 能清心除烦、宁心安神,对心热受惊所致的小儿夜啼患者有食疗作用。

❹ 白萝卜 | 白萝卜消食化积,榨汁或做成泥喂养小儿,可改善乳食积滞引起的夜啼。

【对症食疗搭配速查】

【丝瓜+苦瓜+百合+白萝卜】 榨汁,加冰糖,隔水蒸熟后饮用,治疗心火旺盛型夜啼症。

【对症药材推荐】

❶ 艾叶 | 艾叶具有理气血、逐寒湿、温经止痛、止血、安胎的功效,可用于治疗小儿夜啼。

❷ 灯芯草 | 清热、利水渗湿之功效,可用于小儿夜啼症。

❸ 神曲 | 本品消食化积,对乳食积滞、腹部胀满不舒引起的小儿夜啼有较好的疗效。

❹ 栀子 | 泻火除烦、清热利湿、凉血解毒,可用于治疗热病虚烦不眠、小儿夜啼等病症。

【对症方剂配伍速查】

【栀子+灯芯草】 煎水服用,治疗心火旺盛引起的夜啼症。

小儿惊风

[病症陈述] 惊风是小儿常见的一种急重病症,又称"惊厥",俗名"抽风"。惊风一般分为急惊风和慢惊风。其引发的原因较多,如高热、脑炎、脑膜炎、大脑发育不全、受到惊吓、癫痫等。

[病因分析] 急惊风的主要症状为突然发病,出现高热、神昏、惊厥、牙关紧闭、两眼上翻、角弓反张,可持续几秒至数分钟,严重者可反复发作甚至呈持续状态而危及生命。慢惊风主要表现为嗜睡、两手握拳、手足抽搐无力、突发性痉挛等症。

[饮食原则] 治疗小儿惊风可通过安定小儿神志,消除惊恐,达到镇惊的作用。急惊风的主要症状是热、痰、惊、风,治疗应以清热、豁痰、镇惊、息风为基本法则,临床上常用来醒神开窍、清热祛风的中药材有:石决明、远志、蝉蜕、钩藤、薄荷等。控制癫痫的发作也可减少小儿惊风的发病,常用的中药材有:天麻、全蝎、蜈蚣、僵蚕、地龙、羚羊角等。宜选具有镇静安神作用的食物,如牡蛎、龟肉、甲鱼等。

【对症食材推荐】

❶ 牡蛎 有收敛、镇静、解毒、镇痛的作用,适用于小儿惊风症。

❷ 龟肉 可益阴补血,小儿惊风患者适宜食之。

❸ 甲鱼 滋阴凉血、补肾健骨、散结消痞等作用,对小儿惊风患者有食疗作用。

❹ 冬瓜 清热解毒、利水消痰、除烦止渴、祛湿解暑,小儿惊风患者适宜食之。

❺ 马蹄 具有清热生津、凉血解毒的功效,可用于小儿惊风。

❻ 莲子 具有养心安神的功效,可用于小儿惊风、失眠不安等症。

❼ 百合 具有养心安神的功效,可用于小儿惊风、失眠不安等症。

【对症食疗搭配速查】

❶【牡蛎+冬瓜】炖汤食用,可镇静安神、除烦止渴、清热止痉。

❷【甲鱼+龟肉+马蹄】炖汤食用,可清热生津、滋阴补益,可用于小儿惊风症。

❸【莲子+百合】炖汤食用,可清心安神,可用于辅助治疗小儿惊风症。

【对症药材推荐】

❶ 天麻  抗悸厥、镇静、镇痉、镇痛，临床多用于小儿惊风、四肢抽搐等症。

❷ 钩藤 具有清热平肝、熄风止痉的功效，可用于小儿惊风、夜啼患者。

❸ 地龙 具有清热定惊、通络、平喘、利尿的功效，可用于小儿惊风患者。

❹ 羚羊角 具有清热镇痉、平肝熄风、解毒消肿的功效，小儿惊风患者适宜服之。

❺ 蝉蜕 具有抗惊厥、抑制癫痫发作的作用，可治小儿惊风、破伤风、癫痫等症。

❻ 石决明 具有平肝潜阳、清肝明目、镇静抗惊吓的功效，可用于小儿惊风症。

❼ 知母 具有清热泻火、生津润燥的功效，可治小儿惊风。

❽ 远志 具有养心安神的功效，可用于惊风抽搐、角弓反张等症。

❾ 僵蚕 具有祛风定惊、化痰散结的功效，可用于惊风抽搐、面神经麻痹等症。

❿ 薄荷 可疏散风热、清利头目、利咽透疹、疏肝行气，小儿惊风患者可服之。

⓫ 栀子 具有清泻三焦之火的功效，治疗邪陷心肝引起的高热神昏、烦躁口渴、抽搐等。

⓬ 石菖蒲 具有豁痰、开窍、醒神的功效，对治疗急惊风，神昏高热者有一定的疗效。

⓭ 丹皮 丹皮中的牡丹酚有镇静、降温、解热、镇痛、解痉等中枢抑制作用。

⓮ 全蝎 具有祛风定惊、通络止痉的功效，可用于惊风抽搐、角弓反张等症。

【对症方剂配伍速查】

❶【天麻+薄荷叶】同放入杯中，冲入适量的沸水，加盖焖5分钟即可趁热饮用，有平肝熄风、镇静安神的作用。

❷【全蝎+蝉蜕+栀子】研末，冲服。可清热息风、安神止痉，适用于小儿急惊风症。

❸【石菖蒲+羚羊角+钩藤】研末，冲服。可醒神开窍、止痉，适用于小儿惊风症。

❹【石决明+丹皮+知母+远志】研末，冲服。可清热镇痉、安神定惊，适用于小儿惊风症。

❺【羚羊角+僵蚕+地龙+知母+栀子】研末，冲服。可清热镇痉，对邪陷心肝引起的急惊风有较好的疗效。

小儿遗尿

[病症陈述] 小儿遗尿系指3周岁以上的小儿,睡中小便自遗,醒后方觉的一种病症,俗称"尿床"。多数患儿活动量大、夜间睡眠过深、不易醒,遗尿在睡眠过程中一夜发生1~2次或更多。

[病因分析] 醒后方觉,并常在固定时间。主要类型分两种,一种为遗尿频繁,几乎每夜发生;另一种遗尿可为一时性,可隔数日或数月发作一次或发作一段时间。以下因素可引发小儿遗尿:①遗传因素:遗尿患者常在同一家族中发病,其发生率为20%~50%。②泌尿系统解剖或功能障碍:泌尿通路狭窄梗阻、膀胱发育变异、尿道感染、膀胱容量及内压改变等均可引起遗尿。③控制排尿的中枢神经系统功能发育迟缓。

[饮食原则] 宜食具有强化肾功能、缩尿止遗的中药材和食材,如金樱子、覆盆子、山茱萸、韭菜子、桑螵蛸、海螵蛸、菟丝子、益智仁、芡实、五味子、莲子、桑葚、韭菜、板栗、牡蛎等。忌食削弱脾胃功能、引起多尿的多盐、多糖、生冷食物,应少食,如牛奶、巧克力、柑橘类水果、冰激凌等。

【对症食材推荐】

❶ 芡实 补中益气,为滋养强壮性食物,适宜体虚遗尿之儿童食用。

❷ 莲子 具有益肾固精、补脾止泻、养心安神的功能,对小儿遗尿患者有食疗作用。

❸ 板栗 栗子能补脾健胃、补肾强筋、活血止血,可用于小儿遗尿患者。

❹ 桑葚 可滋阴补血、生津润燥,可用于肝肾不足和血虚精亏的遗尿。

❺ 山药 补脾养胃、生津益肺、补肾涩精,可用于脾虚食少、肾虚遗精、尿频、遗尿。

❻ 牡蛎 具有平肝潜阳、镇惊安神、软坚散结、收敛固涩的功效,可治尿频、遗尿等症。

❼ 猪肾 具有补肾气的功效,可治肾气亏虚引起的尿频、遗尿等症。

【对症食疗搭配速查】

❶【芡实+莲子+桑葚】加粳米煮粥食用,可益肾固精、补中益气,适用于体虚遗尿的儿童。

❷【山药+牡蛎】煮汤食用,可补肾涩精、补虚生津,可治小儿遗尿。

❸【猪肾+板栗】炖汤食用,可补肾气、止遗尿,可治小儿遗尿。

【对症药材推荐】

❶ 覆盆子		具有补肾益肝、缩尿止遗的功效，临床上用于治疗尿频、遗尿。
❷ 山茱萸		山茱萸用于治疗肾虚（阳虚和阴虚），对有小便频数、小儿遗尿者尤为适用。
❸ 益智仁		具有温肾固精、缩尿，温脾开胃的功效，可用于小儿遗尿症。
❹ 韭菜子		补益肝肾、壮阳固精，可治肾虚尿频、遗尿等症。
❺ 五味子		五味子具有敛肺止咳、滋肾涩精、生津收汗的功效，可治小儿遗尿症。
❻ 金樱子		固精涩肠、缩尿止遗，收敛，对小儿遗尿、男子遗精及女子带下量多、腹泻等有疗效。
❼ 海螵蛸		可收敛止血、涩精止带，适用于小儿遗尿症。
❽ 桑螵蛸		桑螵蛸主要功效是缩尿，能治各种小便过多、失禁、遗尿，疗效显著。
❾ 菟丝子		菟丝子具有滋补肝肾、固精缩尿、安胎、明目、止泻的功效，可用于小儿遗尿症。
❿ 肉桂		肉桂温里散寒，对下焦虚寒、水火不济引起的多梦、遗尿有良好的作用。
⓫ 黄连		黄连清热泻火，对五心烦热、睡不安宁、夜啼、遗尿者有较好的疗效。
⓬ 夜交藤		菟丝子具有滋补肝肾、固精缩尿、安胎、明目、止泻的功效，可用于小儿遗尿症。
⓭ 车前子		车前子具有清热泻火、利尿通淋，对心火旺盛以及肝经湿热引起的遗尿有较好的疗效。
⓮ 灯芯草		灯芯草清心火，对烦热、睡不安宁、夜啼、遗尿者有较好的疗效。

【对症方剂配伍速查】

❶【覆盆子+韭菜子+五味子+菟丝子】煎水服用，可补肾益肝、缩尿止遗。

❷【山茱萸+益智仁+海螵蛸+桑螵蛸】煎水服用，可补肾气、缩尿止遗。

❸【金樱子+白糖】熬成药膏，每次取1大汤匙服用，1日2次，有缩尿止遗的功效。

❹【肉桂+黄连+夜交藤】煎水服用（黄连、肉桂配成6∶1的比例），有清心滋肾、缩尿止遗的功效。

❺【海螵蛸+金樱子+夜交藤】煎水服用，有养心安神、缩尿止遗的作用。

小儿黄疸

[病症陈述] 新生儿黄疸则指小儿出生后周身皮肤、双眼、小便都发黄为特征的疾病,中医称之为胎黄。此病多因先天禀赋不足,脾胃湿热或寒湿内蕴,肝失疏泄,胆汁外溢所致。

病症和病因分析　新生儿黄疸分为生理性黄疸和病理性黄疸两种,生理性黄疸大多是出生后2~3天出现,4~6天到达高峰,10~14天消退,除轻微的食欲不佳外,一般无其他症状。若出生后24小时内出现黄疸,3周后仍不消退,或加深或消退后复现者均为病理性黄疸。

[饮食原则] 饮食宜清淡,多食具有清热利湿、利胆退黄的食物,如田螺肉、牡蛎、薏米、赤小豆、绿豆、海带等。黄疸持续时间长者,多食富含脂溶性维生素(维生素A、维生素D、维生素E、维生素K)的食物。

【对症食材推荐】

❶ 蛤蜊 　蛤蜊利水渗湿、保肝利胆,对小儿黄疸有一定食疗作用。

❷ 赤小豆 　清热利湿,治疗湿热引起的皮色鲜黄如橘皮、小便深黄、大便干的湿热型黄疸。

❸ 绿豆 　绿豆清热解毒、利水通淋,适合湿热型黄疸患者食用。

❹ 薏米 　清热解毒、健脾祛湿,对湿热型黄疸有食疗效果。

【对症食疗搭配速查】

【蛤蜊+赤小豆+薏米】炖汤食用,可清热利湿,治疗肝经湿热型黄疸。

【对症药材推荐】

❶ 茵陈蒿 　本品保肝、利胆退黄,是治疗黄疸的常用药。

❷ 栀子 　栀子有清利下焦肝胆湿热之功效,可用治肝胆湿热郁蒸之黄疸。

❸ 黄连 　黄连清热解毒,可治疗肝胆湿热郁蒸之黄疸。

❹ 垂盆草 　垂盆草可利水退黄,可降低血清总胆红素,有效改善小儿黄疸症状。

【对症方剂配伍速查】

【茵陈+栀子+大黄】煎水服用,此谓茵陈汤,可治疗湿热型黄疸。

小儿汗证

[病症陈述] 小儿汗证是指小儿在安静的状态下,全身或身体的某些部位出汗较多,或大汗淋漓不止的一种症候,汗证常分为自汗、盗汗两种,多因气虚或阴虚所致。

[病因分析] 一般以入睡中汗出称之为"盗汗",白日无故汗出称之为"自汗"。自汗多是因气虚,汗孔不能关闭而出汗;盗汗不仅气虚,长期汗出,津液流失过多,"阴"也亏损,所以食疗要从养气补阴辨证施治。

[饮食原则] 小儿自汗者多属气虚,因此应多吃具有健脾补气作用的食品,如鸭肉、牛肉、猪肚、粳米、山药、扁豆、莲子、浮小麦等。多吃养阴生津的食物,如银耳、木耳、豆浆,多食小米、麦粉及各种杂粮和豆制品,牛奶、鸡蛋、瘦肉、鱼肉等,水果、蔬菜也应多吃。

【对症食材推荐】

❶ **甲鱼** 甲鱼具有滋阴清热、补虚固表的作用,适合体虚自汗盗汗者食用。

❷ **老鸭** 老鸭具有清热、益气、补虚、固表的作用,适合阴虚盗汗者食用。

❸ **山药** 山药是常用的补气药,可补肺、脾、肾三脏之虚,适合体虚自汗盗汗者食用。

❹ **银耳** 银耳具有滋阴益胃、益气生津的作用,非常适合自汗盗汗的患儿食用。

【对症食疗搭配速查】

【老鸭+山药+银耳】 炖汤食用,可补气、滋阴、敛汗,辅助治疗体虚自汗、盗汗。

【对症药材推荐】

❶ **五味子** 五味子敛汗生津,是治疗自汗盗汗的常用药。

❷ **浮小麦** 味甘,性凉,可敛汗固表,主治自汗、盗汗、骨蒸劳热;适合体虚多汗者服用。

❸ **黄芪** 黄芪补气健脾、固表敛汗,适合气虚自汗者服用。

❹ **麻黄根** 收涩止汗、敛肺固表,为止汗之专药,可内服、外用于各种虚汗证。

【对症方剂配伍速查】

【黄芪+五味子+浮小麦+麻黄根】 益气补虚、敛汗固表,治疗体虚自汗、盗汗者。

小儿痱子

[病症陈述] 痱子是因小汗腺导管闭塞导致汗液潴留而形成的皮疹。通常发生于热、湿气候中，多在夏季发生，常见于儿童，尤其是小汗管尚未发育完全的新生儿。

[病因分析] 痱子分为白痱、红痱、脓痱、深痱四种，其中以红痱最为多见，表现为散在分布、极痒并伴刺痛、烧灼或麻刺感的红色斑疹和丘疹，顶部可见针帽大的水疱或脓疱，皮损可融合。可在暴露于炎热环境数天至数周起病。好发于间擦部位，如肘前窝、腘窝、躯干、乳房下、腹部和腹股沟。

[饮食原则] 饮食宜清淡，多食具有清热泻火、利湿排毒、消炎杀菌作用的食物，如芦荟、绿豆、赤小豆、冬瓜、苦瓜、芥菜、苋菜、马齿苋、莲子、丝瓜、西瓜、苦瓜、苹果、梨等。忌食热性食物，如洋葱、羊肉、狗肉、榴莲、芒果、桂圆、荔枝、桃子等；忌食发物，如羊肉、咸肉、虾、螃蟹等。

【对症食材推荐】

❶苦瓜 　苦瓜清热泻火、解毒止痒，对小儿痱子有奇效。

❷丝瓜 　丝瓜清热解毒，常食可缓解痱子症状。

❸绿豆 　绿豆清热解毒、利尿通淋，适合痱子患儿食用。

❹马齿苋 　马齿苋可清热解毒、消炎杀菌，对湿热型疾病均有疗效。

【对症食疗搭配速查】

【苦瓜+丝瓜】煮熟食用，或煎水外擦，对小儿痱子有较好的疗效。

【对症药材推荐】

❶金银花 　金银花芳香疏散，善散肺经热邪，透热达表，对热毒性红痱有较好的作用。

❷野菊花 　野菊花苦寒，善清肝肺之火，可泻火解毒，煎水内服或外洗均对痱子有疗效。

❸连翘 　本品苦寒，主入心经，能清心火、解疮毒，对小儿痱子有较好疗效。

【对症方剂配伍速查】

【金银花+野菊花+连翘】煎水外洗，对小儿痱子有良效。

小儿夏季热

[病症陈述] 小儿夏季热是指在夏天,由于气温升高而引发的一种儿科常见病、多发病,以6个月至3岁体弱小儿为多见。主要症状为盛夏时节渐起发热,体温在38～40℃之间,持续不退。

[病因分析] 发热期可长达1～3个月,待气候凉爽时体温自然下降。口渴多饮,排尿频繁且尿色清长。大多不出汗,仅有时在发病时头部稍有汗出。中医认为小儿夏热的发病原因主要与小儿的体质因素有关。

[饮食原则] 治疗小儿夏热,首先要清除体内热气、解渴生津,常用的中药材有:淡竹叶、麦冬、栀子、天花粉、金银花、连翘、藕粉、葛粉等。应选择具有清热解暑、生津止渴作用的食物,如西瓜、冬瓜、绿豆、丝瓜、苦瓜等。勿食辛辣刺激性食品以及性温助热、煎炸炒爆、香燥助火的食物,如狗肉、羊肉、雀肉、鹅肉、鸡肉、虾、胡椒、桂皮、丁香、辣椒、葱、姜、大蒜、炒瓜子、爆米花等;勿食过咸的食物,如酱制瓜菜和腌制海味等。

【对症食材推荐】

❶ 西瓜 西瓜具有清热解暑、除烦止渴的功效,可缓解小儿夏热症。

❷ 冬瓜 清热解毒、利水消肿、减肥美容,对小儿夏热患者有一定的食疗功效。

❸ 绿豆 具有清热解毒、消暑止渴、利水消肿的功效,是治疗小儿夏热症的常用药。

❹ 苦瓜 苦瓜具有清暑除烦、清热消暑、解毒的功效,对小儿夏热患者有食疗作用。

【对症食疗搭配速查】

【绿豆+西瓜】西瓜榨汁,绿豆煮熟,加入西瓜汁饮用,清热解毒,小儿夏热患者适宜食之。

【对症药材推荐】

❶ 薄荷 疏风散热、发汗解表,可用于外感风热头痛、汗出不畅、小儿夏热等症。

❷ 知母 具有清热泻火、生津润燥的功能,可用于小儿发热所致的发热等症。

❸ 石斛 益胃生津,滋阴清热。可用于阴伤津亏,口干烦渴,食少干呕,病后虚热等症。

【对症方剂配伍速查】

【淡竹叶+西瓜翠衣+荷叶】煎水服用,可清热利湿,可缓解小儿夏热的发热症状。

小儿疳积

[病症陈述] 疳积是指由于喂养不当,或由于多种疾病的影响,使脾胃受损而导致全身虚弱、消瘦面黄、发枯,甚则腹部胀大如鼓的一种慢性疾病,多因小儿喂养不当所致。

[病症和病因分析] 此病是小儿时期,尤其是1~5岁儿童的一种常见病症。此病的临床症状有:患儿面黄肌瘦、头发稀疏枯黄;严重者出现干枯瘦弱;饮食异常、大便干稀不调,或腹部胀大等脾胃功能失调症状,烦躁爱哭、睡眠不安等症。

[饮食原则] 纠正患儿偏食、挑食,嗜食肥甘厚味;贪吃零食,饥饱无常等不良饮食习惯,加强饮食调护,饮食要富含营养,易于消化,婴儿添加辅食不宜过快、过急,应循序渐进,由少到多,由稀到稠,由单一到多种。忌偏食、爱吃零食的不良饮食习惯;忌用方便面等无营养价值的食物当主食;忌食难消化的食物,如干豆、炸鸡翅、玉米粒、糯米等食物。

【对症食材推荐】

❶ 薏米 薏米可健脾祛湿,改善脾胃功能,煮粥食用,可改善小儿疳积症状。

❷ 猪肚 猪肚可健脾补胃、益气补虚,对营养不良性疳积患者有食疗作用。

❸ 莲子 莲子健脾止泻、养心安神,可改善患儿大便干稀不调、烦躁爱哭、睡眠不安症状。

❹ 山药 山药补肺、脾、肾三脏,可做成羹喂养小儿。

【对症食疗搭配速查】

【猪肚+薏米+莲子】 猪肚剁碎,与薏米、莲子煮熟烂了食用,可健脾胃、止腹泻。

【对症药材推荐】

❶ 白术 补气健脾、化湿,对饮食异常、大便干稀不调等脾胃功能失调者均有疗效。

❷ 麦芽 麦芽消食化积,对脾胃功能受损、食积不化者均有疗效。

❸ 山楂 山楂健脾消食,对食积不化、食后腹胀者均有疗效。

【对症方剂配伍速查】

【白术+麦芽+山楂】 健脾益气、和中化湿,对身体虚弱、消瘦、精神萎靡的疳积患儿有一定的疗效。

小儿腮腺炎

[病症陈述] 流行性腮腺炎，俗称"痄腮"、"流腮"，是儿童常见的呼吸道传染病，多见于4～10岁的儿童，好发于冬、春季，在学校、托儿所、幼儿园等儿童集中的地方易暴发流行。

[病症和病因分析] 本病由腮腺炎病毒所引起，该病毒主要侵犯腮腺，也可侵犯各种腺组织、神经系统及肝、肾、心脏、关节等几乎所有的器官。主要症状为：腮腺周围不红，肿大疼痛，张口、咀嚼时疼痛更明显，同时伴中等度发热，少数高热。

[饮食原则] 饮食宜清淡，便咀嚼吞咽的流食。如米汤、藕粉、橙汁，新鲜的水果汁、蔬菜汁，如西瓜汁、梨汁、蔗汁、胡萝卜汁及牛奶、鸡蛋花汤、豆浆等；病情好转尽快改食半流及软食。但必须细、软、烂易咀嚼吞咽；可多食马齿苋、绿豆、赤豆、丝瓜等，可绞汁服用，也可外敷。忌食酸性食物和饮料，增加腮腺的分泌，加剧疼痛；忌吃鱼、虾、蟹等发物；忌吃辛辣、肥甘厚味等助湿生热的食物；忌吃不易咀嚼碎的食物。

【对症食材推荐】

- **❶ 海带** 性凉，具有清热泻火、软坚散结的作用，非常适合腮腺炎、甲状腺肿大者食用。
- **❷ 西瓜** 性寒，清热泻火、利尿通淋，对热毒性病症均有食疗效果。
- **❸ 苦瓜** 性寒，具有清热解毒的功效，适合腮腺炎的患者食用。
- **❹ 丝瓜** 具有清热解毒、生津止渴的功效，对腮腺病毒有一定的抑制作用。

【对症食疗搭配速查】

【海带+苦瓜+丝瓜】炖汤食用，可清热解毒、抗腮腺病毒。

【对症药材推荐】

- **❶ 板蓝根** 味苦，性寒，具有清热解毒、凉血利咽的功效，对腮腺炎病毒有杀灭作用。
- **❷ 夏枯草** 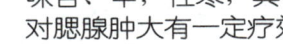 味苦、辛，性寒，具有清肝泻火、散结消肿的功效，对腮腺肿大有一定疗效。
- **❸ 黄芩** 性寒味苦，具有清热泻火、抗病毒的功效，可有效治疗流行性腮腺炎。

【对症方剂配伍速查】

【板蓝根+夏枯草+黄芩】煎水服用，可清热解毒、散结消肿，治疗流行性腮腺炎。

小儿发育迟缓

[病症陈述] 小儿发育迟缓的主要表现为五迟、五软。五迟指立迟（站立迟）、行迟（行走迟）、齿迟（长牙迟）、发迟（生发迟）、语迟（说话迟）；五软：头项软、口软、手软、足软、肌肉软。

[病因分析] 本病多是由于先天禀赋不足、后天调护失当引起的，若症状轻者，治疗及时，常可康复。小儿发育迟缓包括西医学之佝偻病、脑发育不全、脑性瘫痪、智能低下等病症。

[饮食原则] 小儿发育迟缓多因先天肾气不足或后天脾胃虚弱引起，对于先天肾气不足者，宜多食具有补肾的药材和食物，如熟地、山茱萸、杜仲、山药、枸杞、核桃、排骨等。后天脾胃虚弱者多食具有补气健脾的食物，如大豆、大枣、牛奶、鲫鱼、猪肚等；多食富含营养的食物，如蛋类、瘦肉类、鱼类、豆制品等。忌偏食、爱吃零食的不良饮食习惯；忌用方便面、炸薯片等无营养价值的食物当主食。

【对症食材推荐】

❶ 排骨		富含钙质，具有补肾壮骨的作用，对缺钙引起的骨骼发育迟缓有较好的食疗作用。
❷ 核桃		补肾益精、补脑益智，对智力低下、大脑发育不全的患儿有较好的食疗作用。
❸ 大豆		富含大豆蛋白、卵磷脂和维生素D，对发育迟缓的小儿有较好的改善作用。
❹ 猪肚		富含营养，可益气健脾，适合后天营养不足所指的发育迟缓患者。

【对症食疗搭配速查】

【排骨+猪肚+大豆】 炖汤食用，可健脾养血、补充钙质，促进骨骼发育。

【对症药材推荐】

❶ 熟地		补肾养血，是治疗肝肾亏虚、血虚的常用药，适合先天发育不良的患儿服用。
❷ 山药		补肺、脾、肾三脏，对发育迟缓的小儿尤其有益。
❸ 枸杞		富含多种营养成分，可补肝肾，增强身体机能。

【对症方剂配伍速查】

【熟地+山药+枸杞】 煎水服用，滋补肝肾，对肾阴亏虚的小儿发育不良者有较好的疗效。

小儿单纯性肥胖

[病症陈述] 小儿单纯性肥胖是由于能量摄入长期超过人体的消耗，使体内脂肪过度积聚、体重超过一定范围的一种营养障碍性疾病。

[病因分析] 小儿体重超过同性别、同身高正常儿均值20%以上者便可诊断为肥胖症，常见于婴儿期、5~6岁。引起肥胖的病因有：营养素摄入过多、活动量过少、遗传因素（目前认为肥胖多与基因遗传有关）。

[饮食原则] 肥胖患儿可通过增强饱腹感来减少食欲，控制饮食，具有增强饱腹感的中药材和食材有：魔芋、大麦、韭菜、芹菜、笋、白萝卜、黄豆芽、车前子等；可通过促进脂肪代谢来抑制肥胖，可用的中药材和食材有：菠萝、荷叶、莲子心、山楂、茶叶、金银花、海藻、决明子、茯苓、泽泻、香蕉、苹果、荠菜等。忌摄入大量含脂肪的煎炸、奶油类食物，如巧克力、奶油蛋糕、薯条、烤肉等。

【对症食材推荐】

❶ 魔芋 | 具有降脂减肥、清肠排毒的功效，食后有饱腹感，有利于减少脂肪和热量的摄入。

❷ 冬瓜 | 冬瓜所含的热量很低，有利尿、降脂、减肥的作用。

❸ 黄瓜 | 黄瓜是低热量、低脂肪食物，有很好的排毒瘦身效果，可辅助治疗小儿肥胖症。

❹ 木耳 | 木耳可润肠通便，减少脂肪在体内停留的时间，也可帮助瘦身排毒。

【对症食疗搭配速查】

【魔芋+木耳+冬瓜】 加少量醋炒食，可降脂减肥、润肠通便，适合肥胖小儿食用。

【对症药材推荐】

❶ 玉米须 | 玉米须可利尿降脂，适合肥胖症、高血脂患者服用。

❷ 茯苓 | 茯苓健脾祛湿，对肥胖、气虚、易疲劳的脾虚湿盛型肥胖患者有较好的食疗作用。

❸ 泽泻 | 泽泻可降低血清总胆固醇及三酰甘油含量，可治疗肥胖症。

【对症方剂配伍速查】

【玉米须+泽泻+茯苓】 煎水服用，可清热利尿、健脾祛湿、降脂减肥。

小儿鹅口疮

[病症陈述] 鹅口疮是以口疮、舌上曼生白屑为主要临床特征的一种口腔疾病。因其状如鹅口，故称为鹅口疮；因其色白如雪片，故又名"雪口"。

[病因分析] 本病一年四季均可发生。多见于初生儿，以及久病体虚婴幼儿。轻者治疗得当，预后良好；若体虚邪盛者，鹅口疮白屑蔓延，阻碍气道，也可影响呼吸，甚至危及生命。鹅口疮的发病，可由胎热内蕴，口腔不洁，感受秽毒之邪所致。其主要病变在心脾，因舌为心之苗，口为脾之窍，脾脉络于舌，若感受秽毒之邪，循经上炎，则发为口舌白屑之症。现代研究表明，本病系感染白念珠菌所致。

[饮食原则] 本病总属邪火上炎，治疗当清火。根据虚实辨证，实火证应选用清泄心脾积热的药材和食材，如黄连、栀子、黄芩、石膏、生地、灯芯草、绿豆、薏米等；虚火证宜选用滋肾养阴降火的药材和食材，如知母、黄柏、木耳等。

【对症食材推荐】

❶ 薏米 | 解热、镇痛、健脾止泻、除痹、排脓等功效，对小儿鹅口疮有一定的食疗功效。

❷ 绿豆 | 清热解毒、消暑止渴，对小儿鹅口疮有食疗作用。

❸ 苦瓜 | 清暑除烦、清热解毒，对治疗热毒引起的热病烦渴、痱子、口疮等均有食疗效果。

❹ 木耳 | 补血气、活血、滋润、通便之功效，对口疮、痔疮等病症有食疗作用。

❺ 梨 | 止咳化痰、清热降火等功效，对小儿鹅口疮有良好的食疗作用。

❻ 猕猴桃 | 生津解热、止渴利尿之功效，对小儿鹅口疮有抗炎消肿作用。

❼ 西瓜 | 清热解暑、除烦止渴、利尿等功效，可用于小儿鹅口疮。

❽ 苋菜 | 清热解毒、凉血消疮等功效，可用于小儿鹅口疮。

【对症食疗搭配速查】

❶ 【薏米+绿豆】煮汤食用，清热解毒、消肿，可用于鹅口疮的治疗。

❷ 【木耳+苦瓜】煮汤饮用，可清热解毒，有效改善小儿鹅口疮症状。

❸ 【梨+猕猴桃+西瓜】榨汁饮用，可清热降火，对小儿鹅口疮有一定的食疗作用。

【对症药材推荐】

❶ 黄芩 清热燥湿、凉血安胎、解毒的功效，可治痈肿疥疮等症，适用于小儿鹅口疮。

❷ 黄连 有清热燥湿、泻火解毒之功效，可用于目赤、口疮。

❸ 栀子 具有护肝利胆、降压镇静、止血消肿等作用，对小儿鹅口疮有一定的疗效。

❹ 石膏 可解肌清热、除烦止渴、清热解毒、泻火，可治口舌生疮等症。

❺ 灯芯草 具有利水通淋、清心降火的功效，可治小儿口舌生疮。

❻ 黄柏 有清热燥湿、泻火除蒸、解毒疗疮之功效，适用于小儿鹅口疮。

❼ 知母 知母可清热泻火、生津润燥，能治小儿口疮病。

❽ 生地 滋阴清热、凉血，对虚火上炎引起的鹅口疮、舌红少苔的患者有较好的食疗作用。

❾ 石斛 石斛清热泻火、养阴生津，能治疗小儿口疮病。

❿ 竹叶 清热泻火、引热下行，能治小儿口疮病，使热邪从小便而解。

⓫ 丹皮 清热凉血，能清肝肾之虚火，能治虚火上浮引起的小儿口疮病。

⓬ 金银花 金银花芳香疏散，善散肺胃热邪，透热达表，对小儿鹅口疮有较好的作用。

⓭ 鱼腥草 清热解毒、消肿排脓，对治疗热毒性疾病均有疗效。

⓮ 荷叶 荷叶中的生物碱有降血脂作用，且临床上常用于肥胖症的治疗。

【对症方剂配伍速查】

❶【黄芩+黄连+栀子】煎水服用，可清热燥湿、解毒消肿，适用于小儿口舌生疮。

❷【生地+丹皮+黄柏+知母】煎水服用，可清热泻火、解毒疗疮，对小儿鹅口疮有良好疗效。

❸【竹叶+石斛+丹皮】煎水服用，可清肝肾之虚火，对小儿鹅口疮有良效。

❹【黄连+栀子+黄芩+生地】煎水服用，可清泻三焦之火，对小儿鹅口疮有良好疗效。

❺【灯芯草+鱼腥草+荷叶】煎水服用，可清热泻火、引热下行，对小儿鹅口疮、尿黄尿赤者有良好疗效。

小儿百日咳

[病症陈述] 百日咳是急性呼吸道传染病，病人是唯一的传染源，潜伏期2~23天，传染期约一个半月。呼吸道传染是主要的传播途径。人群普遍易感，以学龄前儿童为多。

[病因分析] 本病可分为三期：前驱期，仅表现为低热、咳嗽、流涕、喷嚏等上呼吸道感染症状；7~10天后转入痉咳期，表现为阵发性痉挛性咳嗽，发作日益加剧，每次阵咳可达数分钟之久，咳后伴一次鸡鸣样长吸气，若治疗不善，此期可长达2~6周；恢复期阵咳渐减甚至停止，此期2周或更长。

[饮食原则] 宜食具有消炎杀菌、止咳化痰功能的中药材和食材有：川贝、鱼腥草、天花粉等。宜食具有补养肺气功能的中药材和食材有：沙参、玉竹、麦冬、猪肺、杏仁等。忌食易损伤脾胃、对气管黏膜有刺激作用的辛辣油腻食物，如姜、辣椒、肥肉等；忌食导致咳嗽加剧的海鲜发物，如海虾、淡菜、螃蟹等；忌食生冷食物；忌食助热生火的温补类药物，如红参、生姜、丁香、菟丝子等。

【对症食材推荐】

❶ 杏仁 | 宣肺止咳、降气平喘、润肠通便、杀虫解毒，适用于小儿百日咳患者。

❷ 核桃 | 具有温肺润肠的功效，可治虚寒喘嗽、小儿百日咳。

❸ 银杏 | 具有敛肺气、定喘咳的功效，适用于小儿百日咳。

❹ 猪肺 | 有止咳、补虚、补肺之功效，适用于肺虚咳嗽、久咳、咯血。

【对症食疗搭配速查】

【猪肺+银杏+杏仁】煮汤食用，可止咳补肺，适宜百日咳患者食用。

【对症药材推荐】

❶ 沙参 | 养阴清肺、祛痰止咳。适用于肺热、阴虚引起的小儿百日咳。

❷ 麦冬 | 具有养阴生津、润肺清心的功效，常用于治疗肺燥干咳、虚痨咳嗽、百日咳等症。

❸ 川贝 | 润肺散结、止咳化痰其含有川贝母碱、去氢川贝母碱等，有镇咳化痰等药理作用。

【对症方剂配伍速查】

【沙参+麦冬+川贝+天花粉】煎水服用，可养阴清肺、化痰止咳。

第7章
神经与精神系统疾病对症食疗速查

● 神经精神系统是对机体起着主导作用的系统，是由神经细胞和神经胶质组成，可分中枢神经系统和周围神经系统两大部分。精神疾病主要是一组以表现在行为、心理活动上的紊乱为主的中枢神经系统疾病。周围神经系统是指脑和脊髓以外的所有神经结构，包括神经节、神经干、神经丛及神经终末装置。

临床上常见的中枢神经系统疾病常见的症状和疾病包括失眠多梦、头痛、神经衰弱、抑郁症等；周围神经系统疾病包括帕金森病、阿尔茨海默病等。

本章从疾病症状、病因、对症食材、对症药材等方面详细介绍了神经于精神系统常见疾病，为您除烦解忧。

失眠

[病症陈述] 失眠通常指患者对睡眠时间和（或）质量不满足从而引起人的疲劳感、不安、全身不适、无精打采、反应迟缓、头痛、记忆力不集中等症状。

[病因分析] 造成失眠的原因较多，一般说来，身体上的疾病、生理方面的变化、心理因素以及环境的变化都可造成失眠，如焦虑不安、心悸、烦躁或情绪低落以及对失眠的恐惧等都会引起失眠，还有很多精神障碍疾病（抑郁症、神经衰弱、精神分裂等）也可造成失眠。

[饮食原则] 治疗失眠首先是要缓解心悸，然后是抑制思虑过度，避免大脑皮质过度兴奋，具有宁心安神、帮助睡眠的药材和食材。失眠患者应忌烟酒、茶叶、咖啡、巧克力、花椒、羊肉、狗肉等对睡眠不利的食物。

【对症食材推荐】

❶ 莲子
莲子有补脾止泻、益肾涩精、养心安神的功用，可缓解失眠症状。

❷ 黄花菜
有清热消食、明目安神等功效，对失眠有疗效。

❸ 小麦
养心神、敛虚汗，对于体虚多汗、舌燥口干、心烦失眠的患者有一定辅助疗效。

❹ 鸡蛋
鸡蛋能益精补气、润肺利咽、清热解毒、养血息风，可缓解失眠症状。

❺ 牡蛎肉
平肝潜阳、镇惊安神、软坚散结、收敛固涩的功效，可治心神不安、心悸失眠。

❻ 杏肉
杏，性味酸温，食之有补心气作用。古人用治失眠，是取其酸敛心气作用。

❼ 猪心
同气相求，以脏补脏，具有养心安神功效，对心悸失眠有疗效。

❽ 牛奶
具有养心安神、帮助睡眠的功效，对失眠、难以入睡者有很好的改善作用。

【对症食疗搭配速查】

❶ **【鸡蛋+黄花菜】** 打汤食用，可养心安神，有效缓解失眠症状。

❷ **【莲子+小麦+牛奶】** 煮粥食用，可养心神，缓解失眠心烦。

❸ **【牡蛎肉+鸡蛋】** 做成蒸蛋食用，可镇惊安神、益精补气。

❹ **【猪心+莲子】** 炖汤食用，可养心神，缓解失眠多梦、心悸短气症状。

【对症药材推荐】

- ❶ **百合**　　百合具有润肺止咳、清心安神的功效，可治失眠。
- ❷ **酸枣仁**　养心阴、益肝血而有安神之效，为养心安神之要药。
- ❸ **柏子仁**　养心安神、润肠通便，主治惊悸、失眠、遗精、盗汗、便秘等症。
- ❹ **合欢皮**　解郁和血、宁心安神，可治心神不安、忧郁失眠等症。
- ❺ **夜交藤**　养心安神、通络祛风，治失眠症、劳伤、多汗、血虚身痛。
- ❻ **远志**　　安神定志，常用于治疗心肾不交引起的失眠多梦、健忘惊悸、神志恍惚。
- ❼ **灵芝**　　本品味甘性平，入心经，能补心血、益心气、安心神。
- ❽ **五味子**　敛肺止咳、滋肾涩精、敛阴止汗，主治自汗、盗汗、遗精、久泻、失眠等症。
- ❾ **当归**　　补血活血，为补血第一要药，可有效治疗心血亏虚引起的心悸失眠。
- ❿ **龙眼肉**　补益心脾、养血宁神，用于血虚萎黄、气血不足、神经衰弱、心悸失眠等病症。
- ⓫ **茯神**　　补益心脾、健脾安神，用于神经衰弱、心悸失眠等病症。
- ⓬ **西洋参**　清热生津、益气安神，治疗阴虚火旺、口干盗汗、失眠多梦症。
- ⓭ **灯芯草**　泻心火、安心神，对心火旺盛、烦躁失眠者有疗效。

【对症方剂配伍速查】

❶ 【**酸枣仁+柏子仁**】水煎服，可养心安神，适用于失眠患者。

❷ 【**五味子+夜交藤**】水煎服，可治疗失眠、神经衰弱等病症。

❸ 【**灵芝+合欢皮**】水煎服，可益心气、安神解郁，有效治疗失眠症。

❹ 【**百合+远志**】水煎服，可清心润肺、安神定志，适合失眠患者服用。

❺ 【**当归+灵芝+酸枣仁+龙眼肉**】水煎服，可益心气、补心血、安心神，有效治疗失眠症。

❻ 【**合欢皮+灯芯草+茯神**】水煎服，可清心安神，适合失眠患者服用。

神经衰弱

[病症陈述] 神经衰弱属于心理疾病，常有情绪烦恼和心理、生理症状的神经症性障碍，多发于青壮年。患者常会出现注意力不集中、没有持久性、记忆力减退、失眠多梦、头昏脑胀等症状。

[病因分析] ①神经系统功能过度紧张，生活无规律，过分疲劳得不到充分休息。②感染、中毒、营养不良、内分泌失调、颅脑创伤和躯体疾病等。③长期的心理冲突和精神创伤引起的负性情感体验以及人际关系紧张等。

[饮食原则] 神经衰弱患者应设法将导致此病的各种病因消除，适当地为大脑补充营养，使大脑功能完全恢复正常，可选择养血益精、补脑健脑、促进睡眠功效的中药食材；宜多食富含维生素和微量元素的食物。忌吃肥腻、不易消化、引起胀气、辛辣、刺激性的食物。

【对症食材推荐】

❶ 莲子 莲子有补脾止泻、益肾涩精、养心安神的功用，可用于神经衰弱症。

❷ 核桃仁 滋补肝肾、强健筋骨、益智补脑，可用于治疗神经衰弱。

❸ 桂圆肉 补益心脾、养血宁神，适用于气血不足、神经衰弱、心悸怔忡、健忘失眠等病症。

❹ 牛奶 牛奶具有补肺养胃、生津润肠之功效，喝牛奶能促进睡眠安稳。

【对症食疗搭配速查】

【牛奶+桂圆肉+核桃仁+莲子】 煮汤，可养心安神，促进睡眠，缓解神经衰弱症状。

【对症药材推荐】

❶ 柏子仁 养心安神、润肠通便，可治疗惊悸、失眠、神经衰弱、遗精、盗汗等症。

❷ 酸枣仁 宁心安神、养肝敛汗，可用来治疗虚烦不眠、神经衰弱、惊悸怔忡等。

❸ 合欢皮 有解郁、和血、宁心、消痈肿之效，对神经衰弱患者有较好的疗效。

❹ 百合 百合具有润肺止咳、清心安神的功效，可治神经衰弱症。

【对症方剂配伍速查】

【柏子仁+酸枣仁+合欢皮+百合】 水煎服，可养心安神、宁心解郁。

头痛

[病症陈述] 头痛分为外感头痛及内伤头痛。外感头痛：发病急，多表现为掣痛、跳痛、胀痛、重痛，痛无休止，多因外邪所致。内伤头痛：起病缓，多为隐痛、空痛、昏痛，病势悠悠，时作时止。

[病因分析] 引起头痛的原因常见以下几种：脑部病变、耳内的疾病、高血压、低血压、贫血、感染、中毒、低血糖、感冒、颈椎病，等等。典型病例约20岁起病，患病率随年龄增长患病率增加，并且女性较多见。

[饮食原则] 饮食应以补虚为主，适宜采用具有益气升清、滋阴养血、益肾固精功效的食物，如黑木耳、山楂、红枣等；宜食具破血行瘀、活血止痛作用的药材和食材，如红花、桃仁、延胡索、丹参、田七、川芎等。忌含酒精、含咖啡因的饮料等。

【对症食材推荐】

❶ 木耳 黑木耳具有补血气、活血、滋润、强壮、通便之功效，可治疗因血虚引起的头痛。

❷ 山楂 山楂具有消食化积、理气散瘀、活血化瘀等功效，可缓解头痛症状。

❸ 海带 海带可降低血压，可用于高血压所致的头痛症状。

❹ 红米 有补血及预防贫血的功效，可改善由贫血引起的头痛症状。

【对症食疗搭配速查】

【木耳+海带】炒食或凉拌食用，可降压降脂、疏通血管，辅助治疗高血压引起的头痛。

【对症药材推荐】

❶ 延胡索 活血散瘀，行气止痛，主要用于治疗脘腹诸痛，头痛、痛经、经闭等各种痛证。

❷ 菊花 疏风清热、清肝泻火，常用于治疗头痛眩晕、心胸烦热、疔疮、肿毒等病症。

❸ 天麻 天麻具有平肝潜阳、息风定惊的作用，为治头晕目眩的要药。

❹ 丹参 丹参活血化瘀、止痛，对高血压、动脉硬化等血瘀引起的头痛有较好的疗效。

【对症方剂配伍速查】

【菊花+天麻+丹参+延胡索】煎水服用，平肝熄风、活血化瘀、止疼痛，可治疗头痛。

阿尔茨海默病

[病症陈述] 阿尔茨海默病又叫老年性痴呆症，是发生在老年期及老年前期的一种原发性退行性脑病，主要表现为渐进性记忆障碍、认知功能障碍、人格改变及语言障碍等神经精神症状。

[病因分析] 老年期痴呆按不同病因可以分为：①变性病所致痴呆（如：阿尔茨海默病、路易体痴呆、帕金森病痴呆、额颞叶痴呆等）；②血管性疾病所致痴呆（如：血管性痴呆）；③代谢障碍性痴呆；④感染相关性疾病所致痴呆（如神经梅毒、艾滋病、朊蛋白病等）；⑤物质中毒所致痴呆等。

[饮食原则] 在日常饮食中注意补充海产品、食用菌、豆类及其制品、鱼类、乳类、各种蔬菜和水果等食物，便可以使机体获得足量的矿物质，多食具有益智补脑的食物，如核桃仁等坚果类、豆制品、蛋类、鱼类等。忌营养摄入不足或维生素缺乏；忌饮酒吸烟等。

【对症食材推荐】

❶ 核桃仁 具有补脑益智的功效，可助记忆，多食可预防和改善老年性痴呆。

❷ 大豆 大豆营养丰富，含有多种矿物质，可健脑，常喝豆浆可延缓衰老、提高记忆力。

❸ 小米 小米有健脾、和胃、安眠等功效，是老年性痴呆患者的食疗佳品。

❹ 芝麻 芝麻润肠通乳、补肝益肾、养发强身体、抗衰老等功效，多食可预防老年性痴呆。

❺ 牛奶 牛奶中的碘、锌和卵磷脂能大大提高大脑的工作效率，可改善老年性痴呆症状。

❻ 鱼肉 鱼肉中富含蛋白质、脂肪酸，能促进智力发展，对老年性痴呆症有食疗作用。

❼ 橘子 橘子富含丰富的维生素C，有增强免疫，改善记忆的作用。

❽ 花生 花生可以促进人体的新陈代谢、增强记忆力，可益智、抗衰老、延长寿命。

❾ 葵花籽 富含维生素E，可促进血液循环、抗氧化、防衰老，可预防老年性痴呆。

❿ 胡萝卜 胡萝卜富含胡萝卜素和多种维生素，有较好的抗氧化作用，可预防老年痴呆。

⓫ 南瓜 南瓜富含胡萝卜素、维生素C、维生素E，有很好的抗氧化、抗衰老作用。

⓬ 鸡蛋 鸡蛋富含丰富的卵磷脂，卵磷脂容易被酶分解，产生乙酰胆碱，能增强记忆力。

【对症食疗搭配速查】

❶【花生+芝麻+牛奶】共煮食,促进新陈代谢、增强记忆力。

❷【大豆+小米+葵花籽】打成豆浆食用,健脑益智、延缓衰老。

❸【核桃仁+鲫鱼】煮汤食用,可补脑益智、增强记忆,有效防治老年痴呆。

❹【橘子+胡萝卜】榨汁,可生津润肺、和胃平逆,还可抗氧化、抗衰老。

❺【南瓜+鸡蛋】做成南瓜鸡蛋羹,可益智健脑、延年益寿、抗衰老。

【对症药材推荐】

❶益智仁	研究发现,益智仁对学习记忆障碍有改善作用,可改善老年性痴呆。
❷枸杞	枸杞有提高机体免疫力与记忆力的作用,可滋补肝肾、抗衰老。
❸何首乌	何首乌补肝肾、益精血,首乌内的卵磷脂是构成脑细胞的重要原料,是补脑佳品。
❹女贞子	女贞子有扩张冠状血管、扩张外周血管等作用,对血管性痴呆有一定疗效。
❺山茱萸	具有补益肝肾、涩精固脱的功效,对老年性痴呆患者有效。
❻桑葚	常吃桑葚能显著提高人体免疫力,具有延缓衰老,美容养颜的功效。
❼黄精	黄精滋阴补肾、抗衰老,对肾虚引起的记忆衰退有较好的效果。
❽熟地	熟地滋阴养血、补肾填精,对肾阴亏虚、脑髓不充引起的痴呆症有较好的疗效。
❾莲子	莲子具有清心安神、益智补脑的作用,是老年人保健食疗佳品。
❿海参	海参具有补肾滋阴、益智补脑,且其富含高蛋白以及多种微量元素和矿物质。

【对症方剂配伍速查】

❶【益智仁+何首乌+女贞子】水煎服,可改善记忆障碍、提高记忆力。

❷【熟地+黄精+山茱萸】煎水饮用,可补肾填精,改善肾气补充,脑失所养所致的老年痴呆。

❸【枸杞+山茱萸+桑葚】泡茶饮用,提高机体免疫力与记忆力。

❹【莲子+海参】煮汤饮用,可增强记忆、抗衰老,缓解老年痴呆症状。

抑郁症

[病症陈述] 抑郁症又称忧郁症，是一种常见的心境障碍疾病。临床表现为情绪低落、思维迟缓、意志活动减退，不愿与人接触，长期没有快乐感，并伴失眠、食欲减退、月经不调等症状。

[病因分析] 抑郁症的发生是遗传、心理、社会因素相互作用的结果。心理、社会因素是指在人们的生活中，突然发生了重大事件，或者长期持续着不愉快的状态。有家族史、环境因素不好、长期服用药物、有慢性疾病、个性自卑悲观、饮食不规律者都是此病的易发人群。

[饮食原则] 治疗抑郁症应设法缓解患者精神焦虑情绪，宜选用具有增加血清素含量功能的中药食材，缓解抑郁症症状。患者应少喝酒、茶和咖啡，这些食物都可使抑郁症病情加重；忌食陈乳酪、罐头肉、酱油、酵母提取物、鲱鱼和鲑鱼等酪氨酸含量高的食物和饮料。

【对症食材推荐】

❶ 黄花菜 | 有清热、利湿、消食、安神等功效，能舒缓情绪，对抑郁症患者有一定疗效。

❷ 猕猴桃 | 猕猴桃含有的血清促进素具有稳定情绪心情的作用，对抑郁症患者有帮助。

❸ 小米 | 小米含有大量的碳水化合物，对缓解精神压力、紧张、乏力等有很大的作用。

【对症食疗搭配速查】

【黄花菜+猕猴桃+小米】煮粥，可舒缓情绪、消除疲劳，对抑郁症有较好的食疗作用。

【对症药材推荐】

❶ 柴胡 | 柴胡疏肝解郁，对抑郁症患者有较好的稳定情绪作用。

❷ 郁金 | 郁金具有行气化淤、清心解郁的功效，能抗忧郁。

❸ 香附 | 具有理气解郁，调经止痛的功效，可治疗抑郁症。

❹ 茉莉花 | 茉莉花清新芳香，有良好的解郁安神的功效，对抑郁失眠有较好的疗效。

【对症方剂配伍速查】

【柴胡+郁金+香附+茉莉花】水煎服，可疏肝解郁、行气化淤，适宜抑郁症患者饮用。

第8章
内分泌系统疾病对症食疗速查

● 内分泌系统是机体的调节系统，调节人体的生长发育和各种代谢，它由内分泌腺和分布于机体其他器官的内分泌细胞组成。内分泌腺主要包括甲状腺、甲状旁腺、肾上腺、垂体、松果体、胰岛、胸腺和性腺等。

内分泌代谢疾病对身体的危害极大，因为它直接影响机体的新陈代谢功能，使机体的生长、发育、生殖等停止或减慢。常见的内分泌代谢异常症状及疾病包括：糖尿病、高血脂、甲亢、甲状腺肿大、痛风等。

本章从疾病症状、病因、对症食材、对症药材等方面详细介绍了内分泌系统常见疾病，帮您改善内分泌失调症状。

糖尿病

[病症陈述] 糖尿病是由于胰岛素相对或绝对不足引起的,主要症状有:多饮、多尿、多食、体重下降。空腹时,血糖大于7.0,饭后2小时,血糖大于11.0即可诊断为糖尿病。

[病因分析] 导致糖尿病的原因有很多种,除了遗传因素以外,大多数都是由不良的生活和饮食习惯造成的,如饮食习惯的变化、肥胖、体力活动过少和紧张焦虑、长期使用糖皮质激素者都是糖尿病的致病原因。

[饮食原则] 糖尿病患者宜选用具有降低血糖浓度功能的中药材和食材,如苦瓜、南瓜、葛根、玉竹、枸杞、山楂等。宜选用具有对抗肾上腺素、促进胰岛素分泌功能的中药材和食材,如南瓜、牡蛎、西洋参等。合理摄取三大营养成分,保持营养均衡,如蛋白质、脂肪、糖分。补充能有效降低血糖的13种营养素,如钙、镁、维生素A等。禁食油厚肥腻的食物;禁食辛辣刺激性食物;禁食食用糖分含量很高的食物。

【对症食材推荐】

❶ 红薯叶 富含膳食纤维,能调节血糖,适合糖尿病患者食用。

❷ 大蒜 能调节血脂、血糖,对糖尿病患者有一定的食疗作用。

❸ 南瓜 含有大量的果胶纤维素,可使肠胃对糖类的吸收减慢,减缓饭后血糖的升高。

❹ 苦瓜 快速降糖、调节胰岛素的功能,对糖尿病患者有一定的食疗作用。

❺ 冬瓜 可以降血糖,非常适合阴虚火旺的糖尿病患者食用。

❻ 花菜 能有效调节血糖,降低糖尿病患者对胰岛素的需要量。

❼ 芹菜 芹菜中所含的芹菜碱和甘露醇等活性成分,有降低血糖的作用。

❽ 白萝卜 能够降低血糖,适合糖尿病合并肥胖症的患者食用。

❾ 莴笋 能减少肠道对葡萄糖的吸收,有助于控制餐后血糖的升高。

❿ 黑木耳 能调节血糖、降低血糖的功效,对糖尿病合并高血压患者有很好的食疗作用。

⓫ 海带 富含海带多糖,能够保护胰岛细胞,增加糖尿病患者的糖耐量,降糖作用明显。

⓬ 香菇 有降血糖的作用,适合糖尿病合并高血压患者食用。

【对症食疗搭配速查】

❶【红薯叶+蒜蓉】清炒食用,能降低血糖,适用于糖尿病者降低血糖。

❷【南瓜+冬瓜】清炒食用,具有降血糖的功效,能促进胰岛素分泌,适用于糖尿病者降低血糖。

❸【香菇+木耳+莴笋】清炒食用,能调节血糖,控制血糖升高,适合糖尿病者食用。

【对症药材推荐】

❶ 玉米须 | 玉米须是一味治疗糖尿病的良药,能降低血糖,适合糖尿病患者食用。

❷ 山楂 | 可降低血糖、血脂、血压,对糖尿病患者有益。

❸ 枸杞  | 具有降血糖的作用,有助于糖尿病的治疗。

❹ 西洋参 | 快速降糖、调节胰岛素的功能,是调节血糖的要药。

❺ 玉竹 | 可缓解口渴善饿,对吃多、喝多、尿多得糖尿病症状有益。

❻ 葛根 | 具有降低血糖的功效,对喝多、尿多的糖尿病患者有益。

❼ 生地 | 可以降低血糖,以及治疗糖尿病的各种症状。

❽ 熟地 | 是治疗糖尿病的常用药材,可以滋阴补血,降血糖,有助于糖尿病的治疗。

❾ 山茱萸 | 山茱萸富含皂苷、苹果酸等成分,有较好的降低血糖的作用。

❿ 莲子心 | 具有生津止渴的功效,可有效调节糖尿病患者喝多的症状。

⓫ 知母 | 能够降低血糖,可改善口渴、血糖过多等症状。

⓬ 荷叶 | 具有清心安神、降血糖,可缓解糖尿病患者口渴多饮、失眠多梦的症状。

【对症方剂配伍速查】

❶【玉米须+莲子心】泡茶饮用,具有调节血糖,控制血糖的药效,有利于糖尿病者降低血糖。

❷【山楂+枸杞+西洋参】水煎服,可以调节胰岛素功能,从而起到降低血糖的作用。

❸【玉竹+葛根+知母】水煎服,可以除烦止渴,降低血糖,有利于糖尿病者降低血糖。

高血脂

[病症陈述] 高脂血症在发病早期可能没有不舒服的症状，但没有症状不等于正常。多数患者在发生了冠心病、脑卒中后才发现血脂异常，可表现为头晕、头痛、胸闷、心痛、乏力等。

[病因分析] 高血脂的发生与遗传因素，高胆固醇、高脂肪饮食有关，也可由于糖尿病、肝病、甲状腺疾病、肾脏疾病、肥胖、痛风等疾病引起。一般发生在35岁以上经常高脂、高糖饮食者；长期吸烟、酗酒者，不经常运动者；患有糖尿病、高血压、脂肪肝的病人。

[饮食原则] 合理饮食调养，饮食提倡清淡，基本吃素，但不宜长期吃素，多吃蔬菜和水果，如芹菜、菠菜、豆芽、竹笋、油菜。适量饮茶，茶叶中含有的儿茶酸有增强血管柔韧性、弹性和渗透性的作用，可预防血管硬化。勿食高脂肪、高胆固醇食物，如肥猪肉、腊肉、动物油、奶油等；少吃糖类甜点；勿食动物油类；勿食烟酒。

【对症食材推荐】

❶ 芹菜 性凉，能促进肠道胆固醇的排泄，减少人体对脂肪的吸收，从而降低血脂。

❷ 菠菜 能够润燥，防治便秘，有助于降低脂肪，适合高血脂患者食用。

❸ 魔芋 性温，食后有饱足感，有利于减少脂肪和热量的摄入，是良好的降脂减肥食物。

❹ 竹笋 性微寒，可以润肠通便、降脂减肥、防便秘，对高血脂患者都大有益处。

❺ 豆芽 性凉，可以降脂减肥，适合高血压合并高脂血症以及肥胖症的患者食用。

❻ 黑木耳 性平，可以降脂减肥，可降低血脂和防止胆固醇在体内沉积。

❼ 油菜 性温，能减少机体对脂肪的吸收，可有效降低血脂。

❽ 蘑菇 性凉，可降低血脂，吸收余下的胆固醇，将其排出体外，可有效降低血脂。

❾ 海带 性寒，可以降低人体对胆固醇的吸收，适合高血脂患者食用。

❿ 绿豆 性凉，具有抑制血脂上升的作用，有效降低血脂，适合高血脂患者食用。

⓫ 黄瓜 黄瓜中的维生素P有保护心血管的作用，且黄瓜热量很低，适合高血脂患者食用。

⓬ 苦瓜 维生素C的含量在瓜类中首屈一指，可减少低密度脂蛋白及甘油三酯含量。

【对症食疗搭配速查】

❶【芹菜+黑木耳+魔芋】清炒食用,可以降脂减肥,适合高血脂患者食用。

❷【竹笋+海带丝+豆芽】凉拌食用,有祛脂降压,降低人体对胆固醇的吸收的作用,适合高血脂患者食用。

❸【油菜+菠菜+蘑菇】清炒食用,有助于降低脂肪,适合高血脂患者食用。

❹【黄瓜+苦瓜】清炒食用,既能降血脂、降血压,还可清泻肝火。

【对症药材推荐】

❶ 菊花 | 具有提高胆固醇代谢,预防高血脂疾病有一定效果。

❷ 泽泻 | 降低血清总胆固醇及三酰甘油含量,能够有效降低血脂,适用于高血脂病人食用。

❸ 三七 | 能影响血脂代谢,降低血脂水平与胆固醇,对高血脂患者都大有益处。

❹ 甘草 | 具有补脾益气,降血脂功效,可治脾虚湿盛型高血脂的症状。

❺ 罗布麻叶 | 能显著降低高脂血症患者的血清总胆固醇和三酸甘油酯含量,有降脂降压。

❻ 决明子 | 有降低血清总胆固醇和甘油三酯的作用,对高脂血症患者有益。

❼ 枸杞 | 具有降低胆固醇,达到降低血脂的功能,适用于高血脂病人食用。

❽ 茯苓 | 具有健脾祛湿的功效,降低血脂,用于脾虚湿盛型高脂血症。

❾ 绞股蓝 | 能有效降低血脂,对高血脂患者会有很好的改善作用。

❿ 柴胡 | 柴胡具有良好的降低胆固醇及甘油三酯的作用,能有效预防高血脂。

【对症方剂配伍速查】

❶【菊花+枸杞+荷叶】水煎服,可以提高胆固醇代谢,达到降血脂的功能,对高血脂患者都大有益处。

❷【甘草+罗布麻叶+决明子】泡茶服用,可以降压降脂,适用于高血脂病人食用。

❸【三七+绞股蓝】煎水服用,可活血化瘀、降低血压,血脂,有效预防动脉硬化。

❹【泽泻+茯苓】泡茶服用,可以降压降脂,可用痰湿较重的高血脂患者。

痛风

[病症陈述] 痛风是由于尿酸在人体血液中浓度过高，在软组织如关节膜或肌腱里形成针状结晶，导致身体免疫系统过度反应而造成痛苦的炎症，多因摄入过多高嘌呤成分的食品引起。

[症状分析] 一般发作部位为大拇指关节、踝关节、膝关节等。长期痛风患者有发作于手指关节，甚至耳廓含软组织部分的现象。急性痛风发作部位会出现红、肿、热、剧烈疼痛症状。

[饮食原则] 宜选用具有促进机体代谢功能的中药材和食材，如木瓜、赤小豆、莴笋、葛根等。宜选用具有促进尿酸排泄功能的中药材和食材，如樱桃、薏米、莴笋、赤小豆、芹菜等。忌食含高嘌呤成分高的食物，如动物内脏、多春鱼、带子、海参、青口、鹅肉、野生动物、花生、腰果、螃蟹、虾等。

【对症食材推荐】

❶ **薏米** 可以利湿、清热的作用。用于治疗湿痹，对改善痛风有益。

❷ **赤小豆** 有利尿，促进尿酸排出作用，能缓和痛风的不适症状。

❸ **樱桃** 具有祛风除湿的功效，可促进尿酸排泄，缓解痛风等不适症状。

❹ **莴笋** 具有利尿作用，有助于抵御风湿性疾病的痛风。

❺ **芹菜** 可以利水消肿，促进尿酸排泄，对改善痛风有益。

❻ **木瓜** 能够祛风除湿、通经活络，有效缓解痛风症状。

❼ **葡萄** 葡萄能补肾气，调节尿酸浓度，促进尿酸排泄。

❽ **白酒** 每日饮用适量，可活血通络，对改善关节疼痛、筋脉拘极有疗效。

【对症食疗搭配速查】

❶ **【薏米+赤小豆】** 熬粥食用，能祛风除湿，利尿，能缓和痛风的不适症状。

❷ **【莴笋+芹菜】** 清炒食用，有利尿作用，促进体内尿酸排泄的作用，适合痛风患者食用。

❸ **【樱桃+木瓜】** 榨汁服用，具有祛风除湿的作用，可以缓解痛风的症状。

❹ **【葡萄+白酒】** 酿成葡萄酒饮用，具有活血通络的作用，可以缓解痛风的症状。

【对症药材推荐】

❶ 土茯苓 具有祛湿，通利关节的作用，可缓和痛风的不适症状。

❷ 威灵仙 有祛风除湿、通络止痛的作用，对改善痛风有益。

❸ 络石藤 对祛风湿、通经络，改善关节麻痹，可以治疗痛风。

❹ 桂枝 具有温通经脉、助阳化气的作用，可以治疗痛风。

❺ 桑寄生 补肝肾、强筋骨、祛风湿，可以有效治疗痛风。

❻ 独活 能够祛风止痛，主治风寒湿痹，对改善痛风有益。

❼ 牛膝 祛风湿、强腰膝、活血、利尿，对痛风患者有很好的疗效。

❽ 五加皮 祛风除湿、通络止痛，主治风寒湿痹，对改善痛风有益。

❾ 红花 能够活血化瘀、通络止痛，可有效改善关节疼痛、麻木症状。

❿ 白茅根 利尿通络，可帮助排泄尿酸，有效改善痛风症状。

⓫ 竹叶 竹叶泻火解毒、利尿通淋，对热痹（关节红肿、热痛）有较好的改善作用。

⓬ 玉米须 玉米须是一味利尿良药，其药性平和，可促进尿酸排泄，改善痛风症状。

⓭ 荷叶 荷叶泻热通淋，对尿酸浓度过高的痛风患者有较好的改善作用。

【对症方剂配伍速查】

❶【土茯苓+络石藤】 水煎服，能够祛湿，利关节，有助于改善风湿热痹型痛风症。

❷【威灵仙+桂枝+独活】 水煎服，能通络止痛，可以治疗风寒湿痹型痛风症。

❸【桑寄生+五加皮】 水煎服，能祛风除湿、通络止痛，可以治疗风湿型痛风症。

❹【牛膝+红花】 水煎服，能通络止痛，可以改善关节疼痛、屈伸不利的症状。

❺【白茅根+竹叶】 水煎服，能清热利尿，可以治疗热痹型痛风症。

❻【玉米须+荷叶】 水煎服，能清热利尿，可以促进尿酸排泄，稀释体内尿酸浓度。

甲状腺肿大

[病症陈述] 甲状腺肿大俗称"粗脖子病"、"大脖子病"或"瘦脖子",一般是由于缺碘引起的甲状腺代偿性的肿大,青年女性多见,一般不伴有甲状腺功能异常。

[症状分析] 其临床症状较多,可出现焦虑、失眠、易紧张、肌肉无力、心跳加快、心律不齐、体重减轻、大便次数增加、体温升高、出汗、突眼、视力模糊、怕光、眼痛、易流泪,并且有可能出现所有自律神经失调的症状。

[饮食原则] 甲状腺肿大患者宜选用有补充碘元素功能的中药材和食材,如紫菜、海带、海藻等,宜选用具有促进甲状腺聚碘作用的中药材和食材,如昆布、海蜇、海藻等。甲状腺肿大的患者禁食大豆、花生、土豆等易诱发和加重甲状腺肿大的食物;禁食油厚肥腻的食物;禁食辛辣刺激性食物。

【对症食材推荐】

❶ 紫菜 | 能够消水消肿,软坚散结,适合甲状腺肿大患者食用。

❷ 海带 | 能过软坚,维持甲状腺正常功能,适合缺碘性甲状腺肿大患者食用。

❸ 海蜇 | 具有软坚散结的作用,适合缺碘性甲状腺肿大患者食用。

【对症食疗搭配速查】

【紫菜+海带+海蜇】做成凉拌菜食用,补充碘元素,对缺碘性甲状腺肿大的患者有很好的食疗作用。

【对症药材推荐】

❶ 海藻 | 具有软坚散结,利水的功效,可以治疗甲状腺肿大患者的症状。

❷ 昆布 | 具有促进甲状腺聚碘的功能,适合甲状腺肿大患者食用。

❸ 夏枯草 | 具有清肝散结的功效,适合甲状腺肿大患者食用。

❹ 黄药子 | 具有化痰散结,适合甲状腺肿大病、咳嗽痰多的患者食用。

【对症方剂配伍速查】

❶【海藻+昆布】水煎服,可促进甲状腺聚碘的功能,对单纯性甲状腺肿大的患者有很好的治疗作用。

❷【夏枯草+黄药子】水煎服,可以利水、消肿,可以治疗甲状腺肿大患者的症状。

第9章
骨科疾病对症食疗速查

● 骨科疾病包括骨、骨连接（关节、韧带、软骨等）以及骨骼肌三种器官的疾病，常影响到骨骼的正常生长和发育，导致功能活动受限。随着时代和社会的变更，骨科伤病谱有了明显的变化，例如，骨关节结核、骨髓炎、小儿麻痹症等疾病明显减少，而颈椎病、腰椎间盘突出以及交通事故造成的骨折在明显增多。

常见的骨科疾病包括骨质疏松、骨质增生、颈椎病、肩周炎、强直性脊柱病、风湿性关节炎等。

本章从疾病症状、病因、对症食材、对症药材等方面详细介绍了骨科常见疾病，帮您解除后顾之忧，让您容光焕发。

风湿性关节炎

[病症陈述] 风湿性关节炎是一种常见的急性或慢性结缔组织炎症，临床以关节和肌肉游走性酸楚、重著、疼痛为特征。此病常反复发作，易累及心脏，引起风湿性心脏病。

[病因分析] 致病因素较为复杂，最常见的病因主要是自身免疫性结缔组织病以及遗传因素。风湿出现之前会出现不规则的发热现象，不会出现寒战，并且用抗生素治疗无效。治愈后很少复发，关节不留畸形，有的病人可遗留心脏病变。

[饮食原则] 宜食具有消除发热症状以及促进皮质激素分泌功能的中药材和食材，如梨、甘蔗、西瓜、连翘、金银花等；多吃富含维生素和钾盐的瓜果蔬菜及碱性食物，如芹菜、冬瓜、海带、木耳等。慎食高热量和高脂肪的食物，如狗肉、螃蟹、虾、咖啡等；慎食含嘌呤多的食物，如牛肉、动物内脏、鹅肉、鹌鹑等；慎食辛辣温补性食物，如荔枝、桂皮、茴香、花椒、白酒、啤酒、人参等。

【对症食材推荐】

❶ 梨 　润肺、消痰、清热、解毒等功效，可消除风湿病的发热症状。

❷ 甘蔗 　清热生津、下气润燥、补肺益胃的功效，对风湿病引起的发热症状有疗效。

❸ 西瓜 　清热利尿，适合高热不退的风湿性关节炎患者食用。

❹ 莲藕 　清热生津、凉血止血，可用于发热的风湿患者。

❺ 鳝鱼 　消炎、除风湿、通经络，对风湿性关节炎有一定的食疗作用。

❻ 泥鳅 　具有补中益气、除湿退黄、益肾助阳、祛湿止泻之功效，可用于风湿性关节炎。

❼ 薏米 　有利水消肿、健脾去湿、舒筋除痹、清热排脓等功效，适宜风湿性关节炎食用。

❽ 绿豆 　具有清热解毒、利水消肿的功效，可消除风湿病的发热症状。

【对症食疗搭配速查】

❶ **【梨+甘蔗+西瓜】** 榨汁，可清热解毒，改善风湿患者的发热症状。

❷ **【鳝鱼+薏米+赤小豆】** 煮汤，可健脾去湿、舒筋除痹、解热利尿。

❸ **【泥鳅+绿豆+莲藕】** 煮汤，可清热解毒、除湿退黄，适合风湿热痹患者食用。

【对症药材推荐】

❶ 连翘		含有连翘酚、香豆精、齐墩果酸、皂苷、维生素P等成分，有解热镇痛的作用。
❷ 柴胡		可透表泄热、疏肝解郁、升举阳气，对风湿病引起的发热症状有疗效。
❸ 薄荷		疏散风热、清利头目、利咽透疹、疏肝行气，风湿性关节炎患者宜服。
❹ 金银花		具有宣散风热、清解血毒的功效，可消除风湿病的发热症状。
❺ 五加皮		具有祛风湿、补肝肾、强筋骨等功效。
❻ 威灵仙		可祛风除湿、通络止痛，可用于风湿性关节炎的治疗。
❼ 独活		祛风胜湿、散寒止痛，用于风寒湿痹、腰膝疼痛。
❽ 桑寄生		有祛风湿、益肝肾、强筋骨、安胎的功效，对风湿性关节炎患者有疗效。
❾ 土茯苓		解毒、除湿、通利关节，可有效治疗风湿性关节炎。
❿ 红藤		活血化瘀、祛风活络、止痛，广泛用于风湿痹痛、腰腿疼痛、关节不利等病症。
⓫ 桑枝		风湿而善达四肢经络，通利关节，痹证新久、寒热均可应用。
⓬ 青风藤		较强的 风湿，通经络作用，治风湿痹痛，关节屈伸不利。
⓭ 防己		风除湿止痛，又能清热，对风湿痹证湿热偏盛，关节红肿疼痛者有较好的疗效。
⓮ 牛膝		祛风湿、强筋骨、利小便，对风湿性关节炎有较好的疗效。
⓯ 伸筋草		祛风湿、利关节、止痹痛，可治疗风湿性关节炎。

【对症方剂配伍速查】

❶【连翘+土茯苓+柴胡+薄荷】水煎服，可除风湿、利关节。

❷【五加皮+威灵仙+金银花】水煎服，可祛风湿、强筋骨、利关节。

❸【肉桂+独活+桑寄生】水煎服，可祛风胜湿、散寒止痛，适合寒湿痹痛者。

❹【红藤+桑枝+土防己】水煎服，可祛风胜湿、清热止痛，适合风湿热痹者。

肩周炎

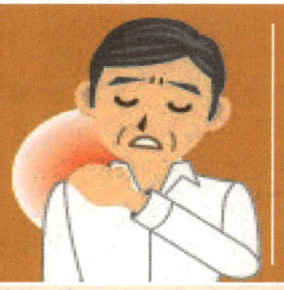

[病症陈述] 肩周炎是肩关节周围肌肉、肌腱、滑囊和关节囊等软组织的慢性无菌性炎症。症见肩部疼痛难忍，尤以夜间为甚，影响入睡，肩关节活动受限。

[病因分析] 多因年老体衰，全身退行性变，活动功能减退，气血不旺盛，肝肾亏虚，复感风寒湿邪的侵袭，久之筋凝气聚、气血凝涩、筋脉失养、经脉拘急而发病。

[饮食原则] 发病期间，应选择具有温通经脉、祛风散寒、除湿镇痛作用的中药材和食物，如制附子、干姜、威灵仙、花椒等；静养期间则应以补气养血或滋养肝肾等扶正法为主，可多食鳝鱼、狗肉等。少吃生冷性凉的食物，如地瓜、豆腐、绿豆、海带、香蕉、柿子、西瓜等。

【对症食材推荐】

❶ **羊肉** ｜ 散寒除湿，对感受风寒湿邪肩周炎患者亦有食疗功效。

❷ **狗肉** ｜ 狗肉温里散寒、促进血液循环，对肩周炎有一定的食疗功效。

❸ **鳝鱼** ｜ 鳝鱼具有补气养血、祛风湿、强筋骨、壮阳等功效，对肩周炎有食疗功效。

❹ **生姜** ｜ 肩周炎患者食用或把生姜敷于患处，可使肌肉由张变弛、舒筋活血，可缓解疼痛。

【对症食疗搭配速查】

【**羊肉+狗肉+鳝鱼+生姜**】加桂皮、大蒜、花椒等调味料焖熟食用，可散寒祛湿，对肩周炎有很好的食疗作用。

【对症药材推荐】

❶ **制附子** ｜ 回阳救逆、散寒止痛，对寒湿型肩周炎、关节炎有很好的疗效。

❷ **干姜**  ｜ 温中散寒、回阳通脉，主治寒湿痹痛等症，对寒湿型肩周炎有疗效。

❸ **威灵仙** ｜ 祛风除湿、通络止痛，主治痛风顽痹、风湿痹痛、肢体麻木等症。

❹ **细辛** ｜ 疏散风寒、解热镇痛、杀菌消炎，镇痛作用较为显著，可缓解肩周炎疼痛症状。

【对症方剂配伍速查】

【**附子+干姜+细辛+威灵仙**】水煎服，可疏散风寒、通络止痛，肩周炎患者宜服。

强直性脊柱炎

[病症陈述] 强直性脊柱炎又称为类风湿性脊柱炎、是一种慢性炎性疾病,主要侵犯骶髂关节、脊柱骨突、脊柱旁软组织及外周关节,并可伴发关节外表现。

[症状分析] 临床主要表现为腰、背、颈、臀、髋部疼痛以及关节肿痛,严重者可发生脊柱畸形和关节强直。患者逐渐出现臀髋部或腰背部疼痛或发僵,尤以卧久(夜间)或坐久时明显,翻身困难,晨起或久坐起立时腰部发僵明显,但活动后减轻。有的患者感臀髋部剧痛,偶尔向周边放射。

[饮食原则] 强直性脊柱炎的饮食要注意补充蛋白质和维生素,应多吃营养丰富的食物及豆类食品;可多吃辛热食物。忌生冷食物,如绿豆、海带、西瓜、冰冻饮品等。

【对症食材推荐】

❶赤小豆 | 具有利水消肿、解毒排脓等功效,可用于强直性脊柱炎。

❷鳝鱼 | 凉血止痛、祛风消肿、润肠止血等功效,对强直性脊柱炎有较好的疗效。

❸泥鳅 | 除湿退黄、益肾助阳、祛湿止泻之功效,对强直性脊柱炎有食疗作用。

❹木瓜 | 具有平肝和胃、舒筋络、活筋骨的功效,强直性脊柱炎患者宜食。

【对症食疗搭配速查】

【赤小豆+泥鳅+鳝鱼+木瓜】 煮汤,可凉血止痛、祛风消肿,适用于强直性脊柱炎。

【对症药材推荐】

❶淫羊藿 | 补肾阳、强筋骨、祛风湿,可用于强直性脊柱炎。

❷威灵仙 | 祛风除湿、通络止痛,适宜强直性脊柱炎患者服用。

❸牛膝 | 补肝肾、强筋骨、活血通经,可用于强直性脊柱炎。

❹薏仁 | 舒筋除痹、清热排脓等功效,对强直性脊柱炎有食疗功效。

【对症方剂配伍速查】

【淫羊藿+威灵仙+牛膝+薏仁】 水煎服,对强直性脊柱炎有较好疗效。

颈椎病

[病症陈述] 颈椎病是指因为颈椎的退行性变引起颈椎管或椎间孔变形、狭窄，刺激、压迫颈部脊髓、神经根，并引起相应的临床症状的疾病，多因不良的姿势导致。

[症状分析] 主要表现为颈肩部疼痛、头晕头痛、上肢麻木、肌肉萎缩，严重者可出现双下肢痉挛、行走困难，甚至四肢麻痹、大小便障碍、瘫痪等。

[饮食原则] 宜选用具有除湿止痛功效的中药材和食材，如鸡血藤、羌活、丝瓜络、细辛、桂枝、川芎、延胡索、鳝鱼等；常食具有强健骨骼作用的食物，如排骨、豆类，在饮食中应注意补充钙，多吃新鲜蔬菜和水果。忌吃油腻厚味、过冷过热的食品，如肥肉、荔枝、茴香、花椒、白酒、啤酒、雪糕等。

【对症食材推荐】

❶鳝鱼 | 鳝鱼具有补气养血、祛风湿、强筋骨、壮阳等功效，对颈椎病患者有食疗作用。

❷排骨 | 猪排骨含有大量磷酸钙、骨胶原、骨黏蛋白等，可为幼儿和老人提供钙质。

❸赤小豆 | 富含蛋白质、脂肪、糖类、磷、钙、铁等成分，颈椎病患者可常食。

❹黑豆 | 黑豆中含有丰富的钙质，可强健骨骼，改善颈椎病症状。

【对症食疗搭配速查】

【鳝鱼+赤小豆+黑豆】 煮汤，含有丰富的钙质，可祛风湿、强筋骨。

【对症药材推荐】

❶桂枝 | 含有的桂皮醛可调整血液循环，舒筋通络，可化解颈椎疼痛、内生结节的症状。

❷川芎 | 具有活血行气、祛风止痛的功效，对颈椎病患者有较好的疗效。

❸延胡索 | 活血散瘀、理气止痛，可用于跌打损伤、颈椎病等症。

❹鸡血藤 | 活血舒筋、养血调经，可治手足麻木、肢体瘫痪、风湿痹痛、颈椎病等症。

【对症方剂配伍速查】

【桂枝+川芎+鸡血藤+延胡索】 水煎服，可活血舒筋、温经通脉，对颈椎病患者有较好疗效。

骨质疏松

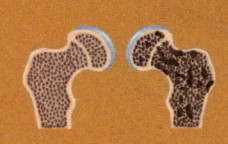

[病症陈述] 骨质疏松主要是骨量低和骨的微细结构有破坏，骨组织的矿物质和骨基质均有减少，导致骨的脆性增加和容易发生骨折。本病常见于老年人，但各年龄时期均可发病。

[病因分析] 骨质疏松症和内分泌因素、遗传因素、营养因素、废用因素等有关。因为饮食、生活习惯、周围环境、情绪等的影响，人的体液很多时候都会趋于酸性，酸性体质是钙质流失、骨质疏松的重要原因。

[饮食原则] 宜选用具有补充钙元素作用的中药材和食材，如猪骨、牛奶、石膏、牡蛎、花生等；宜选用具有补充维生素D作用的中药材和食材，如鸡蛋、鱼肝油、核桃等。少吃含磷较多的食物，如动物肝脏、虾、蟹蚌等；少吃咖啡或含咖啡因较多的饮料和食物，如咖啡、碳酸饮料、巧克力、茶。

【对症食材推荐】

❶ 猪骨 具有补中益气、养血健骨的功效，中老年人喝猪骨汤可延缓衰老，防治骨质疏松。

❷ 板栗 板栗具有补肾强腰，其富含维生素D，可防治骨质疏松等疾病。

❸ 牛奶 牛奶中富含钙，老年人常喝高钙牛奶，可防治骨质疏松症。

❹ 核桃 肾主骨，核桃是补肾的佳肴，对骨质疏松有很好的防治作用。

【对症食疗搭配速查】

【猪骨+核桃+板栗】煮汤，含钙质丰富，补肾壮骨，可防治骨质疏松。

【对症药材推荐】

❶ 牡蛎 牡蛎含有丰富的钙质，可有效防治骨质疏松症。

❷ 杜仲 含有丰富的矿物质铁、钙、钾、锌、镁、硒等微量元素，可用于骨质疏松。

❸ 狗脊 补肝肾、除风湿、健腰脚、利关节，对骨质疏松症有一定的辅助治疗作用。

❹ 熟地 补精益髓、强筋壮骨、抗衰防老，可用于骨质疏松症。

【对症方剂配伍速查】

【牡蛎+熟地+狗脊+杜仲】水煎服，可强筋骨、补肾气，有效防治骨质疏松。

骨质增生

[病症陈述] 骨质增生是骨关节退行性改变的一种表现，临床表现为关节边缘骨质增生，关节发僵发累感，伴有疼痛，关节有时轻度肿大，关节边缘压痛，两膝与手指关节最为明显。

[病因分析] 多由于中年以后体质虚弱及退行性变。长期站立或行走及长时间的保持某种姿势，由于肌肉的牵拉或撕脱，血肿机化，形成刺状或唇样的骨质增生。骨刺对软组织产生机械性的刺激和外伤后软组织损伤、出血、肿胀等因素也会导致骨质增生。

[饮食原则] 宜食用可补肾强骨、抗衰老的中药材和食材，如补骨脂、骨碎补、西洋参、甲鱼、鳝鱼等；宜多食含钙、蛋白质、维生素C和维生素D丰富的食物，如黑豆、牛奶等。忌食辛辣、过咸、过甜等刺激性食品，如茴香、辣椒、花椒、胡椒、桂皮、酒等。

【对症食材推荐】

❶ 甲鱼 | 益气补虚、滋阴壮阳、益肾健体、净血散结等功效，可增强体质，防治骨质增生。

❷ 黑豆 | 黑豆含有丰富的维生素D和钙质，骨质增生患者可多食。

❸ 黑芝麻 | 有滋养、强壮、防止老化的功效，对骨质增生患者有一定的食疗作用。

❹ 牛奶 | 牛奶中富含钙和维生素D等营养成分，可防治骨质增生症。

【对症食疗搭配速查】

【黑芝麻粉+黑豆粉+牛奶】冲食，富含钙质，可补肾滋阴、强壮骨骼。

【对症药材推荐】

❶ 补骨脂 | 补肾助阳、强腰壮骨，对老年人骨质增生有很好的防治作用。

❷ 骨碎补 | 补肾强骨、续伤止痛，对骨质增生症有较好的疗效。

❸ 西洋参 | 益肺阴、清虚火、生津止渴、抗衰老、增强体质，对预防骨骼老化有一定的效果。

❹ 田七 | 三七具有止血、散瘀、消肿、定痛的功效，可用于骨质增生的治疗。

【对症方剂配伍速查】

【补骨脂+骨碎补+田七+西洋参】水煎服，可强腰壮骨，抗衰防老，有效预治骨质疏松。

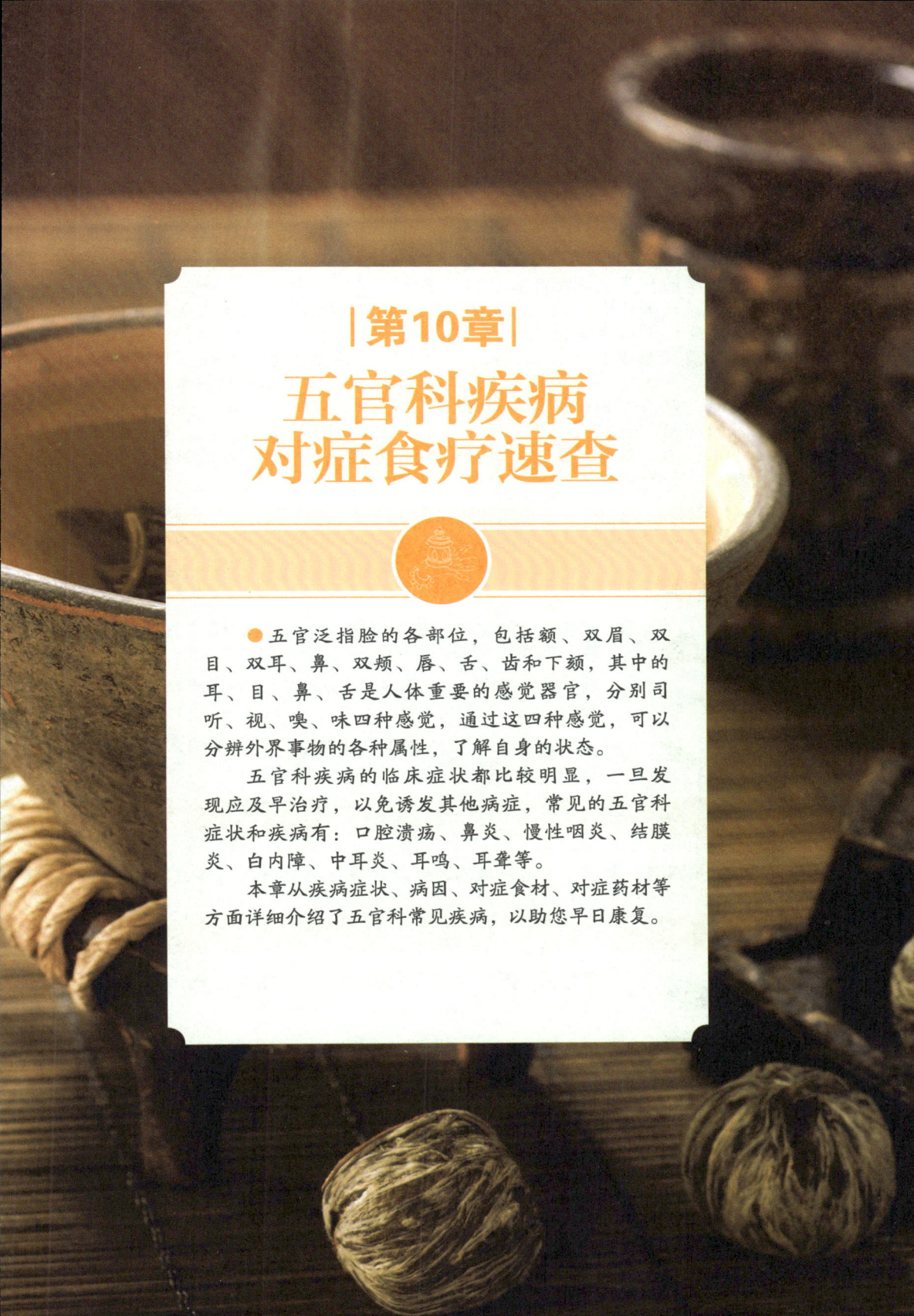

第10章
五官科疾病对症食疗速查

● 五官泛指脸的各部位，包括额、双眉、双目、双耳、鼻、双颊、唇、舌、齿和下颏，其中的耳、目、鼻、舌是人体重要的感觉器官，分别司听、视、嗅、味四种感觉，通过这四种感觉，可以分辨外界事物的各种属性，了解自身的状态。

五官科疾病的临床症状都比较明显，一旦发现应及早治疗，以免诱发其他病症，常见的五官科症状和疾病有：口腔溃疡、鼻炎、慢性咽炎、结膜炎、白内障、中耳炎、耳鸣、耳聋等。

本章从疾病症状、病因、对症食材、对症药材等方面详细介绍了五官科常见疾病，以助您早日康复。

鼻炎

[病症陈述] 鼻窦炎是鼻窦黏膜的非特异性炎症,为一种鼻科常见病。以鼻塞、多脓涕、头痛为主要表现,可伴有轻重不一的鼻塞、头痛及嗅觉障碍。

[症状分析] 单纯性鼻炎的主要症状有:鼻塞、流涕、打喷嚏、头痛、头昏。伴有鼻痒感,还可伴有头痛、记忆力下降等;过敏性鼻炎的典型症状有:鼻痒、喷嚏连连、清水样鼻涕流不止、间歇性鼻塞等。

[饮食原则] 鼻炎患者在饮食宜清淡,多吃富含B族维生素的粗粮、豆类和坚果,如莲藕、冬瓜等;还要多吃新鲜水果和蔬菜,以摄取足够的维生素C和生物类黄酮,以消炎和保持微血管健康,如柑橘、葡萄、蓝莓、西红柿等。忌吃油腻的食物,如肥肉、香肠等。忌吃辛辣、助热生火的食物,如辣椒、胡椒、芥末、葱、蒜、韭菜等。过敏性鼻炎患者忌吃容易引起过敏的食物,如虾、蟹、鸡蛋等。

【对症食材推荐】

❶ 柑橘 富含维生素C,能强化末梢血管组织,对鼻炎有一定的疗效。

❷ 西红柿 富含维生素C和生物类黄酮,可消炎和保持微血管健康,对鼻炎有益。

❸ 鸭肉 具有滋阴生津、增强抵抗力的功效,对干燥性鼻炎有疗效。

❹ 葱 含维生素B_1、维生素B_2、维生素C,有杀菌、发汗的功效,对鼻炎有益。

【对症食疗搭配速查】

【葱+西红柿+鸭肉】煮粥,可清热通窍,可治疗体虚感冒引起的鼻炎流涕。

【对症药材推荐】

❶ 辛夷 可祛风通窍、抑制真菌,是治疗鼻炎、鼻窦炎的常用药。

❷ 细辛 可祛风散寒、通窍止痛,对鼻炎、鼻窦炎有疗效。

❸ 白芷 白芷发散风寒、宣通鼻窍,可用于治疗风寒引起的流涕、鼻塞。

【对症方剂配伍速查】

【辛夷+白芷+细辛】水煎服,可祛风通窍、消炎抗病毒,治疗鼻炎、鼻窦炎。

口腔溃疡

[病症陈述] 口腔溃疡又称为"口疮",是发生在口腔黏膜上的浅表性溃疡,大小可从米粒至黄豆大小、成圆形或卵圆形,溃疡面为凹型,周围充血。

[病因分析] 复发性口腔溃疡常与缺乏B族维生素以及消化道疾病有关,如胃溃疡、十二指肠溃疡、慢性肝炎、肠炎等有关。原发性口腔溃疡的诱因可能是局部创伤、精神紧张、上火及维生素或微量元素缺乏等。

[饮食原则] 口腔溃疡患者在饮食上应多食用赤小豆、薏米、苦瓜等清热泻火的食物,宜多食用牡蛎、动物肝脏、瘦肉、蛋类、坚果等富含锌的食物;以及西红柿、胡萝卜、菠菜等富含维生素B_1、维生素B_2、维生素C的食物。忌吃辛辣、香燥、温热的食物,如葱、姜、韭菜、蒜、辣椒、胡椒、牛羊肉、狗肉等。忌吃含有酒精、咖啡等刺激性的饮料,如白酒、咖啡、浓茶、碳酸饮料等。

【对症食材推荐】

❶ 苦瓜
具有清暑除烦、清热消暑的功效,苦瓜还有助于加速伤口愈合,对口腔溃疡有益。

❷ 橙子
富含维生素C、维生素A、B族维生素,可促进溃疡面的愈合,有效防治口腔溃疡。

❸ 西红柿
具有止血、降压、利尿、生津止渴、清热解毒的功效,还能美容和治愈口疮。

❹ 胡萝卜
富含B族维生素、维生素C,能补充人体所缺维生素,对口腔溃疡有益。

【对症食疗搭配速查】

【西红柿+橙子】 榨汁饮用,可清热泻火,补充B簇维生素,增强抵抗力,防治口腔溃疡。

【对症药材推荐】

❶ 金银花
具有清热解毒、抗菌作用的功效,对口腔溃疡有很好的防治作用。

❷ 五倍子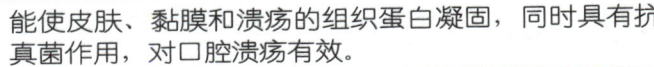
能使皮肤、黏膜和溃疡的组织蛋白凝固,同时具有抗真菌作用,对口腔溃疡有效。

❸ 黄连
具有泻火燥湿、解毒杀虫的功效,能治咽喉肿痛、火眼口疮、痈疽疮毒等症。

【对症方剂配伍速查】

【金银花+黄连+五倍子】 泡服,可清热泻火、生津止渴,辅助治疗口腔溃疡。

慢性咽炎

[病症陈述] 慢性咽炎是一种常见的上呼吸道疾病且病程长,主要症状为:咽部不适,发干、异物感或轻度疼痛、干咳、恶心,咽部红肿、灼热疼痛,吞咽困难,咽后壁可见淋巴滤泡等。

[病因分析] 咽炎多由病毒和细菌感染引起,有腺病毒、副流感病毒以及柯萨奇病毒,主要致病菌为链球菌、葡萄球菌和肺炎球菌等,此外,鼻的疾病、扁桃体炎、龋病、粉尘、化学气体、烟酒过度以及贫血、便秘、肝脏、肾脏病也都可引起咽炎。

[饮食原则] 慢性咽炎与患者自身免疫功能低下有直接关系,因此,应多食具有增强抗病能力的中药和食物:如香菇、猴头菇、黑木耳、银耳、百合、人参、灵芝等。忌食辛辣刺激、燥热性的食物,如羊肉、狗肉、花椒、桂圆等。忌食熏制、腌制及过热过冷的食物,如炒花生、腊肉、冰镇饮料、冰激凌等。忌吃炒货、零食类食物,如炒瓜子、薯片等。忌吸烟、饮酒。

【对症食材推荐】

❶ 银耳 性平,能滋补生津、润肺养胃、补阴良药,治疗咽炎所致咳嗽有效。

❷ 香菇 性平,能化痰理气、解毒、消炎抗菌,对炎症和咳嗽有较好的疗效。

❸ 梨 性寒,能润肺止咳、养血生津、清热,对肺热咳嗽、化痰有疗效。

❹ 竹笋 性微寒,能清热化痰、利水道,治疗咽炎所致咽干咳嗽有疗效。

❺ 橄榄  性微寒,能清热化痰、利咽,缓解咽炎所致咽干咳嗽症状。

❻ 杏仁 润肺、止咳、化痰,治疗咽炎咳嗽、咳吐痰液。

❼ 银杏 清热化痰,治疗痰热咳嗽、咽炎咳吐黄痰等病症有效。

❽ 柚子 清热止咳、生津止渴,治疗痰热咳嗽等病症有效。

❾ 丝瓜 性微寒,能清热解毒、生津利咽,辅助治疗干燥性咽炎。

❿ 冬瓜 性微寒,能清热泻火、生津止渴,辅助治疗干燥性咽炎。

⓫ 莴笋 性凉,能清热利咽、滋阴止咳,辅助治疗干燥性咽炎。

⓬ 西红柿 性凉,能清热泻火、生津止渴,辅助治疗治疗慢性咽炎。

【对症食疗搭配速查】

❶【冬瓜+丝瓜】清炒食用,能清热解毒、滋阴利咽,治疗咽干咳嗽有疗效。

❷【银耳+梨+橄榄】煮汤服用,能清凉利咽、爽喉解毒,治疗咽喉肿痛、干咳。

❸【竹笋+香菇】清炒食用,或配鸭肉炖汤食用,能清热利咽、生津止渴。

❹【杏仁+银杏】与大米一同煮粥食用,或配大豆打成豆浆饮用,能止咳化痰。

❺【柚子+梨】榨汁饮用,可清热生津,缓解咽喉干燥、刺激性咳嗽症状。

❻【香菇+杏仁+冬瓜】搭配鸭肉炖汤食用,可清热止咳,补虚利咽,治疗慢性咽炎,久咳不愈。

【对症药材推荐】

❶ 罗汉果 | 性凉,能清热润肺、生津止渴,治疗肺热燥咳、化痰,对咽炎有疗效。

❷ 玉竹 | 性微寒,能养阴润燥,治疗阴虚肺燥、咽干咳嗽。

❸ 木蝴蝶 | 性凉,能清热利咽,治疗咽喉肿痛、声音嘶哑有疗效。

❹ 竹茹 | 性微寒,能清热化痰、除烦,治疗痰热咳嗽等病症有效。

❺ 玄参 | 性微寒,能清热利咽、生津止渴,治疗干燥性咽炎。

❻ 甘草 | 清热解毒、生津止渴,对缓解咽炎干咳、咽痒咽痛有疗效。

❼ 苏子 | 能降气化痰、止咳平喘,治疗痰多咳嗽等病症。

❽ 胖大海 | 能清热利咽、止咳化痰,治疗痰热咳嗽、咽干。

❾ 蒲公英 | 能清热化痰、解毒消肿,治疗痰热咳嗽、咽干咽痛。

【对症方剂配伍速查】

❶【木蝴蝶+天花粉+金银花+苏子+竹茹】水煎服,治疗不同证型的慢性咽炎。

❷【罗汉果+蒲公英+胖大海】泡茶饮用,能润喉爽声、化痰清热,治疗咽干咳嗽、疼痛。

❸【甘草+胖大海+玄参+玉竹】泡茶饮用,能清热利咽、生津止渴,对咽干咳嗽有疗效。

耳鸣耳聋

[病症陈述] 耳鸣是指病人自觉耳内鸣响，如闻蝉声，或如潮声。耳聋是指不同程度的听觉减退，甚至消失。耳鸣可伴有耳聋，耳聋亦可由耳鸣发展而来。

[病因分析] 引起耳鸣耳聋的原因很多，如药物使用不当，用了耳毒性药物如"庆大霉素"、"链霉素"或"卡那霉素"等，对耳蜗神经造成损害；耳部疾病，如中耳炎也会造成耳鸣耳聋；过度疲劳及睡眠不足也会引起耳鸣耳聋；血管痉挛、内分泌失调等原因会引起内耳供血不足、组织缺氧、代谢紊乱导致耳神经感受器损害而造成听力下降，耳鸣耳聋。

[饮食原则] 在饮食上缺铁易使红细胞变硬，运氧能力降低，致使耳部养分供给不足，导致听力下降。所以补充铁元素，加强红细胞的运氧能力是治疗此病的关键，可有效提高听力，防治耳鸣、耳聋的发生，临床上具有此功效的中药食材有熟地、人参、红枣、当归、阿胶、黄精、何首乌、黄芪、白术、菠菜、龙眼、黑芝麻、紫菜、黑木耳、苋菜、黄花菜等。忌食烟酒、茶叶、咖啡、辣椒等辛辣刺激食物。忌煎炸类食物以及冷饮等。忌吃富含脂肪的食物，如动物内脏、奶油、肥肉、鱼子等。若是使用某些药物造成耳鸣反应，应立即停止用药。

【对症食材推荐】

❶ 紫菜 性寒，能利水消肿，含有丰富的铁元素，对缺血引起的耳聋耳鸣有疗效。

❷ 黑芝麻 性平，能补肝肾，对肾虚引起的耳鸣耳聋有一定疗效。

❸ 桑葚 性寒，能滋阴补血，治疗肾阴亏、血虚所致耳鸣耳聋有疗效。

❹ 黄花菜 性微寒，能治肝气郁结所致血循不畅所致耳鸣耳聋有一定疗效。

❺ 苋菜 性凉，富含铁元素，治疗血液供氧不足所致耳聋耳鸣有一定食疗效果。

❻ 龙眼 性温，能补益心脾、养血安神，对血虚所致耳聋耳鸣有疗效。

❼ 菠菜 性凉，富含铁元素，治疗血液缺氧所致的耳聋耳鸣有疗效。

❽ 绿豆 性凉，能清热解毒，对患有中耳炎而引起的耳鸣耳聋者有良效。

❾ 马齿苋 性寒，能清热解毒、抗菌消炎，对中耳炎引起的耳鸣耳聋有食疗效果。

❿ 赤小豆 性平，能清热解毒、利尿、抗炎杀菌，对感染引起的炎症有良效。

【对症食疗搭配速查】

❶【紫菜+虾皮】炖汤服用,能利水、补肝益肾,对耳聋耳鸣有食疗效果。

❷【黑芝麻+桑葚】打成芝麻糊食用,能滋阴补血、补肝肾,治疗肾虚引起的症状有效。

❸【黑木耳+苋菜】拌菜食用,能治血液供氧不足所致耳聋耳鸣有疗效。

❹【海蜇皮+黄花菜】炖汤服用,能利水、补肝益肾,对耳聋耳鸣有食疗效果。

❺【桑葚+龙眼肉】榨汁饮用,能滋阴养血、滋补肝肾,适合耳鸣耳聋者患者饮用。

【对症药材推荐】

❶ 熟地　　　性微温,能滋阴补血、补肝肾,对肾虚、血虚所致耳聋耳鸣有疗效。

❷ 何首乌　　性微温,能补益精血、固肾乌须,治疗肾亏血虚所致耳聋耳鸣有疗效。

❸ 山茱萸　　性微温,能补肝肾、涩精气、固虚脱,治疗肾虚所致耳聋耳鸣有疗效。

❹ 龙胆草　　性微寒,能清热燥湿、泻肝火,对肝火旺所致血循不畅的病症有疗效。

❺ 栀子　　　性寒,能清热利湿、泻火除烦,治疗热病所致代谢不畅的耳聋耳鸣有一定疗效。

❻ 黄芪　　　性温,能补气固表,增强机体抵抗病菌的能力。

❼ 石菖蒲　　性温,能开窍醒神、宁神益志,治疗耳鸣耳聋有疗效。

❽ 人参　　　性微温,能大补元气,治疗气血亏虚所致的耳聋耳鸣有疗效。

❾ 枸杞　　　性平,滋补肝肾,对肝肾引起的耳鸣耳聋、五心烦热等症均有疗效。

❿ 生地　　　性凉,清热凉血、滋阴补肾,对阴虚化热引起的耳鸣耳聋、潮热烦躁等症均有疗效。

【对症方 剂配伍速查】

❶【熟地+制首乌+山茱萸】水煎服,治疗肝肾亏虚型耳鸣耳聋。

❷【黄芪+升麻+葛根+石菖蒲】水煎服,治疗升阳不清型耳鸣耳聋。

❸【龙胆草+栀子+生地】水煎服,清利肝胆湿热,可治疗肝胆湿热型耳鸣耳聋。

结膜炎

[病症陈述] 结膜炎俗称"红眼病",季节性传染病,传染性极强。患病早期,病人感到双眼发烫、烧灼、眼红,紧接着眼皮红肿、眼眵多、怕光、流泪。

[病因分析] 结膜炎最常见的病因是微生物感染,包括细菌、病毒、衣原体、真菌等感染,物理性刺激、化学性损伤或免疫性病变以及全身性疾病都可引起结膜炎。

[饮食原则] 治疗结膜炎首先要抑制病原微生物病毒和细菌,常用的中药食材如桑叶、黄芩、黄连、苦参、大青叶等,其次要多摄入营养素含量高的食物,如花菜、橙子、柚子、猕猴桃等。忌食茄子、虾、蟹、带鱼等发物以及辣椒、狗肉、羊肉等热性食物。忌食性热上火、辛辣香燥、肥腻助邪的食物,如羊肉、鹅肉、鲢鱼、鳗鱼、人参、荔枝、桂皮、白酒。

【对症食材推荐】

❶ 丝瓜 | 性凉,能解毒通便、营养丰富,对病菌等有抑制效果。

❷ 海带 | 性寒,能清热软坚、营养丰富,对抑制病菌有效。

❸ 马齿苋 | 性寒,能清热解毒、消炎抗菌,对治疗结膜炎有疗效。

❹ 苋菜 | 性凉,能清热利湿、通二便、营养丰富,对治疗结膜炎有疗效。

【对症食疗搭配速查】

【马齿苋+苋菜+海带+丝瓜】与猪肝煮汤食用,能清肝明目,为视网膜提供营养,对结膜炎患者有益。

【对症药材推荐】

❶ 车前子 | 性寒,能清热利水、明目,清肝火,对结膜炎患者有益。

❷ 菊花 | 性微寒,能疏风清热、清肝明目、解毒,对结膜炎患者有一定效果。

❸ 夏枯草  | 性寒,能清肝散结、消炎,对结膜炎患者有益。

❹ 桑叶 | 性寒,能祛风清热、凉血明目,对肝火旺所致目赤等病症有疗效。

【对症方剂配伍速查】

【车前子+桑叶+夏枯草+菊花】水煎服,清肝泻火,对治疗结膜炎有良好的效果。

第11章 皮肤科疾病对症食疗速查

● 皮肤是人体的第一道生理防线和最大的器官，时刻参与着机体的功能活动，维持着机体和自然环境的对立统一，机体的任何异常情况也可以在皮肤表面反映出来。

皮肤病是有关皮肤（包括毛发和甲）的疾病，是严重影响人民健康的常见病、多发病之一，皮肤病的发病率很高，常只影响外观，一般不会危及生命健康，仅少数症状较重者会危及生命。常见的皮肤科疾病有痤疮、湿疹、冻疮、荨麻疹、皮肤龟裂、黄褐斑、带状疱疹、牛皮癣、白癜风、少白头、脱发等。

本章从疾病症状、病因、对症食材、对症药材等方面详细介绍了妇科皮肤科疾病，祝您早日恢复光洁无瑕的肌肤。

痤疮

[病症陈述] 痤疮又叫青春痘、面疱或粉刺、毛囊炎，好发于面部、前胸和后背。见于青春发育期青少年。其主要临床表现为粉刺、丘疹、脓包、结节、囊肿，无瘙痒等症状。

[病因分析] 西医认为与雄性激素水平升高、皮脂分泌增加、毛囊皮脂腺腺管过度角质化、痤疮丙酸杆菌及炎症等有关。中医认为是由肺热、风热、血热、湿热等原因造成的，生活中，饮食结构不合理、精神紧张、遗传元素、大便秘结等原因，都会引起痤疮。

[饮食原则] 痤疮患者宜选用具有抑制皮脂腺分泌作用的中药材和食材，如花生、赤小豆、黄连、丹参等。饮食宜清淡，常吃清热、利湿、排毒的食物，如绿豆、苹果、西瓜、冬瓜等。忌食肥甘厚味食物，如肥猪肉、猪油、腊肠等；禁食会让痤疮加重的发物，如螃蟹、虾、带鱼等；禁食辛辣刺激性食物。

【对症食材推荐】

❶ 薏米  | 能够清热、利湿、补肺，可以改善由肺热引起的痤疮患者症状。

❷ 绿豆 | 具有清热解毒，利水消肿的作用，适合痤疮患者食用。

❸ 赤小豆 | 可以消肿、利尿、解毒，适合痤疮患者食用。

❹ 苋菜 | 具有清热利湿，通便的作用，可以改善湿热型痤疮患者食用。

❺ 马齿苋 | 具有清热解毒、消肿止痛的功效，对痤疮患者有一定的食疗作用。

❻ 花生 | 可抑制皮脂腺分泌，促进人体的新陈代谢，有效防治痤疮。

❼ 莴笋叶 | 可以排尿，解毒，对痤疮患者有一定的食疗作用。

❽ 苹果 | 可以生津，清热，适合痤疮患者食用。

❾ 西瓜 | 可以清热、利水消肿，对痤疮患者有一定的食疗作用。

❿ 冬瓜 | 能够清热解毒，利水消肿，美容，对痤疮患者有一定的食疗作用。

⓫ 苦瓜 | 具有清热泻火，祛痘消痱的功效，适合肺热型痤疮患者食用。

⓫ 西红柿 | 具有清热泻火，祛痘消痱的功效，适合肺热型痤疮患者食用。

【对症食疗搭配速查】

❶【薏米+绿豆】捣汁食用，具有清热解毒，抑制皮脂腺分泌，对痤疮有疗效。

❷【苋菜+马齿苋+莴笋叶】清炒食用，具有清热利湿，解毒的功效，对痤疮患者有食疗作用。

❸【苹果+西瓜】榨汁饮用，可以清热泻火，消肿，对痤疮患者有一定的食疗作用。

❹【赤小豆+花生】打成豆浆饮用，可以清热利湿，对痤疮患者有一定的食疗作用。

❺【冬瓜+苦瓜】榨汁饮用，可以清热泻火，对痤疮患者有较好的食疗作用。

【对症药材推荐】

❶ 浮萍　　能够清热解毒、利尿及抑菌作用，适合痤疮患者食用。

❷ 紫草 　　具有凉血、解毒的作用，适用于痤疮患者食用。

❸ 白鲜皮 　　具有祛风燥湿、清热解毒的功效，用于治疗由风湿热毒所致的痤疮患者。

❹ 黄连 　　能够泻火、解毒，适合痤疮患者食用。

❺ 黄芩 　　可以清热燥湿，凉血解毒，适用于血热型痤疮患者食用。

❻ 栀子 　　具有清热利湿，解毒凉血的作用，适用于血热型痤疮患者食用。

❼ 龙胆草 　　具有清热利湿作用，适合肝胆湿热引起的痤疮患者服用。

❽ 白芷 　　可以美白养颜、祛疤痕，适合痤疮愈后有痘印的患者敷用。

❾ 白及 　　具有消肿散结、美颜祛疤的作用，适合痤疮者敷用。

❿ 丹参 　　可活血化瘀、排脓止痛，适合痤疮、痘印患者服用。

【对症方剂配伍速查】

❶【浮萍+紫草+白鲜皮+龙胆草】水煎服，可以燥湿解毒，适合痤疮患者食用。

❷【黄连+黄芩+栀子】水煎服，能够泻火解毒，适合内火旺盛的痤疮患者。

❷【白芷+白及+丹参】煎水内服或外洗，活血化瘀、敛疮生肌，对痤疮恢复期，色素沉着，有痘印者有良效。

湿疹

[病症陈述] 湿疹是一种由内外因素相互作用而引发的炎症性皮肤病。内分泌失调、代谢紊乱、胃功能障碍、感染病灶以及精神方面的因素,如忧虑、紧张、情绪激动、失眠、劳累均可导致湿疹。

[症状分析] 湿疹会出现皮肤灼热红肿,或见大片红斑、丘疹、水疱、渗水多,甚至大片渗液及糜烂,瘙痒剧烈,如继发感染,可出现脓包或脓痂。

[饮食原则] 常用的抗过敏的重要中药材和食材有:枳实、木瓜等,常用的止痒中药材和食材有:防风、白鲜皮、地肤子、牡丹皮、地榆、蛇床子、苦参、白芷、豆类等,宜吃绿豆、马齿苋、苦瓜等清热利湿的食物。忌食肥腻壅滞的食物,如糯米、羊肉、鸡肉、大葱等;慎食海鲜、发物、油腻食物和刺激性食物,如鱼、牛肉、鸡肉、鸭蛋、葱、辣椒、茴香等;慎食钠和糖含量高的食物,如食盐、巧克力等。

【对症食材推荐】

❶ 香椿 可以清热解毒、燥湿止痒,适用于湿热型湿疹患者食用。

❷ 马齿苋 具有清热解毒的功效,对湿疹患者具有一定的食疗作用。

❸ 赤小豆 具有利尿、抗菌消炎的作用,对湿疹患者具有一定的食疗作用。

❹ 苦瓜 可以清热解毒,对湿疹患者具有一定的食疗作用。

❺ 木瓜 具有清热作用,对湿疹患者具有一定的食疗作用。

❻ 绿豆 可以清热解毒、利水,适合湿疹患者食用。

❼ 薏米  具有清热利湿的作用,适用于湿热型湿疹患者食用。

❽ 西瓜 清热泻火、解毒利尿,适合湿疹患者食用。

【对症食疗搭配速查】

❶【香椿+马齿苋】 清炒食用,可以解毒、清热,对湿疹患者具有一定的食疗作用。

❷【赤小豆+绿豆+薏米】 打成豆浆服用,具有清热解毒、利湿的作用,适用于湿热型湿疹患者食用。

❷【木瓜+西瓜】 榨汁饮用,可祛湿解毒,适合湿疹患者食用。

【对症药材推荐】

❶ 地肤子		具有清热利湿、祛风止痒的功效，可以改善湿疹皮肤瘙痒难耐的症状。
❷ 白鲜皮		具有清热解毒、止痒的功效，适合湿疹患者服用。
❸ 苦参		能够清热燥湿，止痒，可以改善湿疹皮肤瘙痒难耐的症状。
❹ 黄柏		可以清热燥湿，泻火解毒，对湿疹患者具有一定的食疗作用。
❺ 黄连		可以泻火燥湿、清热解毒，适合湿疹患者服用。
❻ 苍术		能燥湿、止痒，适合各种原因引起的湿疹患者服用。
❼ 艾叶		能够逐寒湿，可以治疗寒湿型湿疹，症见疹子皮色不红、苍白，天冷时起病者。
❽ 丹皮		具有清热凉血、化瘀的功效，适合湿疹患者食用。
❾ 赤芍		可以清热凉血、化瘀消斑，适用于血热型湿疹患者食用。
❿ 紫草		具有凉血消斑、解毒透疹的作用，适合湿疹患者服用。
⓫ 防风		可以祛风、止痒，适合湿疹、荨麻疹等患者服用。
⓬ 枳实		具有较强的抗过敏活性作用，对过敏性湿疹有很好的防治作用。
⓭ 荆芥		具有祛风止痒的功效，适合外感风邪引起的湿疹患者食用。
⓮ 土茯苓		清热利湿、解毒止痒，适合肝胆湿热引起的湿疹患者食用。

【对症方剂配伍速查】

❶【地肤子+白鲜皮+苦参】煎水外洗，治疗湿热型湿疹，湿疹皮色鲜红，瘙痒难耐。

❷【艾叶+苍术】煎水外洗，治疗寒湿型湿疹，湿疹皮色苍白、瘙痒较轻者。

❸【黄连+黄柏+赤芍】水煎服，可以清热凉血，泻火，可以改善湿热型湿疹患者的症状。

❹【丹皮+紫草】水煎服，可以凉血解毒，清热，可以改善湿热型湿疹患者的症状。

❺【防风+荆芥】泡茶饮用，具有祛风止痒、凉血解毒，清热利湿的作用，适合湿疹患者食用。

荨麻疹

[病症陈述] 荨麻疹是一种临床常见的皮肤粘膜过敏性疾病，中医称为"隐疹"。患者皮肤黏膜潮红或风团，风团形状不一、大小不等，颜色苍白或鲜红，瘙痒剧烈。

[病因分析] 中医认为是风夹热邪或夹寒邪客于肌肤、不得疏泄；或胃肠湿热内生，阻于皮肤；或反复发作，迁延日久，往往是卫气虚不能固表，或因血虚生风所致。

[饮食原则] 多食营养丰富且清淡易消化食品；多饮绿茶、新鲜果汁等清热化湿、利尿通便的饮品。多食绿叶蔬菜及纤维素含量多的植物，绿叶蔬菜内含有丰富的维生素C，维生素C含量多的植物有利于润肠通便，如竹笋、红苋菜等。中药材可选用祛风止痒的药材，如荆芥、防风、白芷、白鲜皮、苍术等。忌食各种辛辣刺激性食品，如辣椒、茴香等；忌食油腻、油炸食品、腌制品等。

【对症食材推荐】

❶ 黑木耳 可以清热解毒，适用于荨麻疹患者。

❷ 绿豆 具有清热解毒，调和五脏，适用于荨麻疹风热型荨麻疹患者。

❸ 赤小豆 能健脾养胃，解除毒素，对荨麻疹患者有一定的食疗作用。

❹ 甘蓝 有清热，健脾养胃，适用于荨麻疹脾胃湿热型患者食用。

❺ 竹笋 能清热泻火、滋阴生津，适用于荨麻疹患者食用。

❻ 荠菜 能健脾利水，解毒消疹，适用于荨麻疹患者食用。

❼ 红苋菜 具有清热凉血的作用，适用于荨麻疹风热型荨麻疹患者。

❽ 马蹄 具有清热解毒、凉血生津的作用，适用于荨麻疹风热型荨麻疹患者。

【对症食疗搭配速查】

❶【黑木耳+竹笋】 清炒食用，可以清热解毒，对荨麻疹患者有一定的食疗作用。

❷【绿豆+赤小豆+马蹄】 煮汤服用，可以清热解毒、凉血，对荨麻疹患者有一定的食疗作用。

❸【荠菜+红苋菜+甘蓝】 清炒食用，能够解毒，凉血，对荨麻疹患者有一定的食疗作用。

【对症药材推荐】

❶ 荆芥 具有祛风、理血的作用，治疗由血虚生风的荨麻疹患者的症状。

❷ 防风 能够祛风止痒，适用于荨麻疹患者瘙痒难忍的症状。

❸ 细辛 能祛风散寒，适用于风寒证型的荨麻疹患者食用。

❹ 白芷 具有消炎、解热、解表的作用，适用于荨麻疹患者。

❺ 当归 具有补血、止痛的作用，治疗由血虚生风的荨麻疹患者的症状。

❻ 生地 具有清热凉血的作用，可以治疗荨麻疹风热型荨麻疹患者。

❼ 赤芍 能够清热凉血、止痛，适用于荨麻疹风热型荨麻疹患者。

❽ 金银花 具有清热解毒的作用，适用于血热风燥型荨麻疹患者。

❾ 苍术 具有健脾燥湿、祛风止痒的作用，适用于荨麻疹患者。

❿ 白鲜皮 可以清热解毒、祛风止痒，适用于荨麻疹患者。

⓫ 冬瓜皮 具有清热，利尿的作用，适用于湿热型荨麻疹患者。

⓬ 菊花 具有清热疏风的功效，可以治疗荨麻疹患者症状。

⓭ 苦参  具有燥湿解毒、杀菌止痒的功效，对风疹瘙痒有疗效。

【对症方剂配伍速查】

❶【荆芥+防风+细辛+白芷】煎水，内服加外洗，可祛风止痒，适合荨麻疹患者食用。

❷【当归+生地+赤芍】煎水服用，具有凉血，清热泻火的功效，具有治疗血虚风燥型荨麻疹。

❸【金银花+苍术+白鲜皮】水煎服，具有清热解毒，祛风作用，治疗湿热型荨麻疹。

❹【冬瓜皮+菊花】泡茶饮用，具有祛风清热利湿的作用，治疗风热型的荨麻疹患者的症状。

❺【防风+生地+当归+金银花】泡茶饮用，具有祛风清热养血润燥的作用，治疗荨麻疹。

❻【赤芍+菊花+白鲜皮】泡茶饮用，具有清热凉血、祛风止痒的作用，治疗风热型荨麻疹。

黄褐斑

[病症陈述] 黄褐斑俗称蝴蝶斑、汗斑、妊娠斑,为边界不清楚的褐色或黑色的斑片,多为对称性。主要发生在面部,以颧部、颊部、鼻、前额、颏部为主。

[病因分析] 黄褐斑多数与内分泌有关,尤其是和女性的雌激素水平有关,月经不调、妊娠、服避孕药或肝功能不好以及慢性肾病都可能出现黄褐斑。此外日晒和精神因素也会加重本病。

[饮食原则] 可摄入富含维生素C的食物,维生素C能抑制黑色素的形成,如柑橘类水果、西红柿、青辣椒、山楂、鲜枣、猕猴桃、新鲜绿叶菜等。还可以吃些泻肝火、补肝活血的中药食材,如石决明、牡蛎等。忌过量食用刺激性食品,如酒、浓茶、咖啡等。

【对症食材推荐】

❶ 草莓 性凉,能生津润肺、养血润燥,对肝脏不好所致黄褐斑有一定食疗效果。

❷ 红酒 性平,能润肤养颜,对治疗黄褐斑有辅助效果。

❸ 葡萄 性平,能滋补肝肾、养血益气,对肝功能低下所致黄褐斑有极好的疗效。

❹ 樱桃 性热,能健脾益气、养颜,富含维生素C对治疗黄褐斑有一定疗效。

【对症食疗搭配速查】

❶【草莓+葡萄+樱桃】做成水果拼盘,能滋补肝肾、养血润燥、养颜,对黄褐斑有疗效。

【对症药材推荐】

❶ 玫瑰花 性温,能理气解郁、活血散瘀,治疗肝亏虚所致黄褐斑有疗效。

❷ 当归 性温,能补血活血、润燥,能促进血液循环,治疗黄褐斑有疗效。

❸ 桃仁  性平,能破血行淤、润燥,能促进血液循环,对黄褐斑有治疗效果。

❹ 红花 性温,能活血通经、化瘀,促进血液循环,对黄褐斑有治疗效果。

【对症方剂配伍速查】

❶【当归+桃仁+玫瑰花+红花】水煎服,能补血活血、化瘀、润燥,促进循环,对黄褐斑有疗效。

皮肤皲裂

[病症陈述] 皲裂常发生在手掌、足底、唇部、口角,以及肛门周围等部位。它是由于皮肤干燥或慢性炎症使皮肤的弹性减低或消失,再加上外力的作用而形成的。

[症状分析] 皲裂最常见于足部,有时候和皮肤的纹理一致,短的不到1厘米,长的可以超过2厘米,深的裂口可以引起轻度出血,产生疼痛,一般在寒冷的季节,或从事露天作业以及接触脂溶性和吸水性物质的人群多见。

[饮食原则] 可多吃富含维生素A的食物如胡萝卜、豆类、绿叶蔬菜、鱼肝、牛奶等,因为维生素A有促进上皮生长、保护皮肤,防止皲裂的作用。还可适当多吃脂肪类、糖类食物,可使皮脂腺分泌量增加,减少皮肤干燥及皲裂。年老患者应该增加营养,滋补气血,适量多吃猪肝、猪皮、羊肉、阿胶之类的食品。不宜吃火热生燥的食材,如辣椒、芥末、胡椒等。

【对症食材推荐】

❶ 银耳 性平,能滋补生津,对皲裂出现的裂口有愈合作用。

❷ 黑芝麻 性平,富含油脂,对干燥皮肤有缓解作用。

❸ 牛奶 性平,富含维生素,能促进上皮细胞生长保护皮肤,防止出现皲裂。

❹ 蜂蜜 性平,能润肤生肌,使皮肤有弹性,防止皮肤干燥出现皲裂。

【对症食疗搭配速查】

❶ **【牛奶+黑芝麻+蜂蜜】** 煮开食用,能保护皮肤,防止干燥,对预防皲裂有疗效。

【对症药材推荐】

❶ 白及 性凉,能止血、消肿、生肌敛疮,对皲裂的治疗有疗效。

❷ 制大黄 性平,能清湿热、凉血,对血热枯燥所致裂口或难愈有疗效。

❸ 生地  性微寒,能清热凉血、养阴生津,对血热枯燥所致裂口或难愈有疗效。

❹ 玉竹 性平,能养阴润燥,对皮肤干燥有缓解作用,能预防皲裂。

【对症方剂配伍速查】

❶ **【白及+制大黄+生地+玉竹】** 打粉外敷,能润泽肌肤、止血,对治疗皲裂有疗效。

牛皮癣

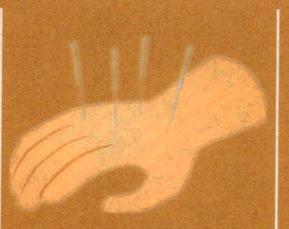

[病症陈述] 牛皮癣是一种常见的慢性皮肤病。初发时为针头至扁豆大的炎性扁平丘疹,逐渐增大为淡红色浸润斑,境界清楚,覆着多层银白色鳞屑。刮除表面鳞屑,则露出一层淡红色薄膜。

[病因分析] 牛皮癣是由于病毒和链球菌感染、遗传、脂肪代谢障碍以及内分泌腺或胸腺功能障碍有关。精神创伤、季节改变、外伤、预防接种等也能诱发本病。中医则认为与湿热邪气有密切关系。

[饮食原则] 宜食具有抗感染功能的中药材和食材,如连翘、荆芥、连翘、马钱子、白鲜皮等。宜食具有调节内分泌功能的中药材,如花粉、葛根等。宜食含有大量维生素和矿物质的食物,如洋葱、芦笋、胡萝卜等。宜食富含钙的食物,如乳类、豆类、蛋类等。禁食辛辣油腻的食物,如酒类、辣椒等;慎食海鲜发物和羊肉、狗肉等燥热性食物。

【对症食材推荐】

❶ 洋葱 | 具有祛风散寒的作用,对牛皮癣患者有一定的食疗作用。

❷ 胡萝卜 | 具有清热解毒的作用,适合牛皮癣患者食用。

❸ 芦笋 | 具有清凉降火的功效,适合热毒型的牛皮癣患者食用。

【对症食疗搭配速查】

❶【洋葱+芦笋+胡萝卜】清炒食用,具有抑制病菌,消炎的作用,对牛皮癣患者有一定的食疗作用。

【对症药材推荐】

❶ 吴茱萸 | 具有理气燥湿的作用,对牛皮癣患者有一定的食疗作用。

❷ 荆芥 | 可以祛风、止痒,对牛皮癣患者有一定的食疗作用。

❸❹ 白鲜皮 | 可以清热解毒,适合热毒型的牛皮癣患者服用。

❹ 天花粉 | 具有降火、生津的作用,对牛皮癣患者有一定的食疗作用。

【对症方剂配伍速查】

❶【吴茱萸10g】研细末,调入凡士林90g,研匀,可有效治疗牛皮癣。

❷【荆芥++白鲜皮+天花粉】煎水外洗,可以清祛风止痒,可治疗牛皮癣。

带状疱疹

[病症陈述] 带状疱疹是由水痘-带状疱疹病毒所引起的，以沿单侧周围神经分布的簇集性小水疱为特征，常伴有明显的神经痛，且愈后极少复发。

[症状分析] 发病前阶段，常有低热、乏力症状，将发疹部位有疼痛、烧灼感，三叉神经带状疱疹可出现牙痛症状。

[饮食原则] 饮食要以清淡为主，最好是清凉的蔬菜水果，如冬瓜、青菜、西红柿、苦瓜、丝瓜、西瓜、绿豆、赤小豆、苋菜、荠菜、冬瓜等；可选用金银花、龙胆草、车前草、黄连、黄芩、苦参、连翘、野菊花、等泻火解毒的药材。忌食辛辣温热食物，如酒、烟、生姜、辣椒、胡椒、羊肉、狗肉、牛肉等。忌食油煎类食物，如炸薯条、炸鸡、肥肉等。

【对症食材推荐】

❶ 苦瓜 性寒，能清热消暑、解毒、清肝火，增强免疫力，对热毒所致病症有疗效。

❷ 丝瓜  性凉，能清暑凉血、解毒通便，对湿热、热毒所致病症有疗效。

❸ 荠菜 性凉，能利水、止血解毒、清肝明目，对热毒所致病症有疗效。

【对症食疗搭配速查】

❶【苦瓜+荠菜+丝瓜】炒菜食用，能清热解毒、清肝明目，对热毒所致病症有疗效。

【对症药材推荐】

❶ 龙胆草 性寒，能清热燥湿、泻肝火，对湿热所致病症有疗效。

❷ 黄连 性寒，能泻火燥湿、解毒，对该病症有治疗效果。

❸ 黄柏 性寒，能清热燥湿、泻火解毒、退虚热，治疗带状疱疹有疗效。

❹ 栀子  性寒，能泻火、清热利湿、凉血解毒，治疗带状疱疹有疗效。

【对症方剂配伍速查】

❶【龙胆草】水煎服或煎水外洗，能清热利湿解毒，可治疗带状疱疹。

❷【黄连+黄柏+栀子】水煎服，能泻火解毒，有效治疗带状疱疹。

脱发

[病症陈述] 脱发的主要症状是头发油腻，如同擦油一样，亦有焦枯发蓬，有淡黄色鳞屑固着难脱，自觉瘙痒。男性脱发主要是前额与头顶部成片脱落，女性脱发在头顶部，头发变稀疏。

[病因分析] 引起脱发的主要原因包括精神刺激、疾病、遗传因素、药物刺激、营养不良、内分泌失调以及季节气候等。此外，吸烟、饮酒、睡眠不足等不良习惯也可导致脱发症。

[饮食原则] 宜食养血乌发，抵抗毛发衰老，常用的中药材和食材有：当归、何首乌、猪肝、乌鸡、红枣、菠菜等，宜选择乌鸡、肉苁蓉、枸杞、菟丝子、黑芝麻、黑豆等补充肾气、调节内分泌的药材和食材，多食富含铁的食品，如乌鸡、猪肝、菠菜等。忌食油腻食物；禁食辛辣刺激性食物；禁食性温热的食物，如羊肉、狗肉、马肉等。

【对症食材推荐】

❶ 红枣 具有益气生津的作用，适用于脱发患者食用。

❷ 乌鸡 可以滋阴、补肾，可以治疗由于肾气不足的脱发患者食用。

❸ 黑芝麻 具有养发、益肾、抗衰老的作用，可以抵抗毛发衰老。

❹ 猪肝 可以补气养血，抗衰老，对脱发患者有一定的食疗作用。

【对症食疗搭配速查】

❶【乌鸡+红枣+黑芝麻】炖汤服用，可以补肾、生津，适用于脱发患者食用。

【对症药材推荐】

❶ 菟丝子 具有滋补肝肾的功效，可用于肾虚头发早白、脱发的症状患者食用。

❷ 枸杞 有滋阴滋肾的作用，适用于脱发患者食用。

❸ 当归 当归可以补血、活血，治疗血虚引起的脱发症。

❹ 何首乌  具有补肝益肾的作用，可以抗毛发衰老，适用于脱发患者食用。

【对症方剂配伍速查】

❶【菟丝子+当归+首乌+枸杞】水煎服，具有补肝益肾，抗毛发衰老，可以治疗血虚之脱发。

少白头

[病症陈述] 少白头是由于血热、肾气虚弱、气血衰弱造成的，头发的营养来源于血，如果头发变白或脱落，多半是因为肝血不足，肾气虚弱。

[症状分析] 少白头出现的症状为最初头发有稀疏散在的少数白发，大多数首先出现在头皮的后部或顶部，夹杂在黑发中呈花白状随后，白发可逐渐或突然增多，但不会全部变白。有部分人长时间内白发维持而不增加。

[饮食原则] 饮食上应注意多摄入还铁和铜的食物，如黑木耳、黑芝麻、猪肝等。补充B族维生素的摄入，如谷类、豆类等。适宜经常吃一些有益于养发乌发的食物，如黑芝麻、何首乌、熟地、黄精、黑豆等。禁烟酒；忌食油腻、油炸食品。

【对症食材推荐】

❶ 黑芝麻 可以补益肝肾，滋润五脏，治疗由于肝肾不足引起的须发早白的患者食用。

❷ 乌鸡 可以滋阴、益肝补肾，适用于肾气虚弱造成的少白头患者食用。

❸ 核桃 具有滋补肝肾的作用，适用于肾气虚弱造成的少白头患者食用。

❹ 黑豆 具有补肾乌发的作用，少白头患者可经常食用。

【对症食疗搭配速查】

❶【黑芝麻+核桃+黑豆】打成豆浆，可以补益肝肾，适用于肾气虚弱造成的少白头患者食用。

【对症药材推荐】

❶ 何首乌  具有补肝益肾的作用，适用于肝肾不足引起的须发早白的患者食用。

❷ 黄精 具有健脾益肾的作用，适用肝肾亏虚型少白头患者食用。

❸ 熟地 可以滋阴补血、补肾，适用于气血衰弱造成的少白头患者。

❹ 当归 可以补血活血，适用于气血衰弱造成的少白头患者。

【对症方剂配伍速查】

❶【熟地+黄精+当归+何首乌】水煎服，滋补肝肾、养血乌发，有效治疗须发早白。